燒肉料理技術與開店菜單

匯集271道生意興隆店家的人氣品項，

探究料理的革新創意與訣竅

瑞昇文化

前言

加入燒肉店行列的新手店鋪或新開分店的風氣極為盛行。其理由在於人們從古至今就相當喜愛吃燒烤，如今更不單單是日本人愛吃，甚至已成為世界各地人們都喜愛的外食。其中或許還有人是基於「開燒肉店的門檻很低」的想法而開店，理由是燒肉店不需要像日本料理或法國料理那樣具備一定的修業經驗與烹調技術。實際上的確也不乏有這層因素在裡頭。

但若能為此做些補充說明，在此想問各位說的是，正因為燒肉是種十分簡單的料理才能展現出「廚藝的深淺」，具有嚴謹料理「傳統」的同時，又不乏各種人氣店家與生意興隆店家在平日裡費盡心血烹調的「獨創性」。希望各位不要只關注於燒肉的表象，也能致力於提高肉品美味程度的技術並保有一顆探究心，將能讓顧客開心享用到最後的刀工與別出心裁的供應方式、其他業界的料理與嶄新的烹調技巧加到菜單之中。我們期許各位都能作為燒肉的專家、更上一層樓，因此撰寫出本書。

書中收錄了二百七十一道菜單。希望各位在從中掌握到高人氣店與生意興隆店家交相譜寫出來的烹調技巧與調味的同時，也能領會將這種想讓顧客吃得開心的心情融入菜單之中，並學會能夠從中賺取利潤的巧思妙想。

旭屋出版 編輯部

2

目錄

075

【閱讀本書之前】

· 本書參考旭屋出版之刊物《燒肉店》第25～29集（2017～2021年刊行），以及《燒肉店開業成功完全教科書》（これからの燒肉店開業成功の教科書／旭屋出版，2017年出版）所刊載內容進行重新編纂，並添加新採訪內容後重新編輯而成的全新書冊。

· 處理肉類食材之際，衛生管理的重要性優於一切。參考本書內容進行商品開發時，請多方考慮肉品進貨與保存方式、燒烤方式等細節，留意所提供菜品的食品安全性。

· 本書所介紹的菜單內容與價格為2021年12月當下的參考資料。肉的品項與重量、擺盤內容可能因進貨狀況與季節條件而有所不同。

· 收錄的菜單中含有不定期供應的菜品，並非皆為常態供應。

· 肉品的部位名稱基本上以受訪店家慣用稱呼為準，故而有可能出現相同部位但稱呼卻不一樣的情況。

CHAPTER 1

燒肉的商品化技術

東京・北砂 「燒肉 スタミナ苑」 掌廚／店長・吳奉柱

「牛五花肉」的商品化技術

一提到燒肉中的霸主，自然非「牛五花肉」莫屬。牛腹部位的「牛五花肉」有著和沾醬十分對味的甘甜脂肪與多汁肉質，在醫烤燒肉回歸主流的潮流下，本書將帶您了解它的魅力究竟爲何。位於東京・北砂下町，備受在地顧客愛戴的「燒肉スタミナ苑」，基於「想讓對多油部位敬而遠之的人們也能經由不同的方式享用到牛五花肉的美味」的想法，運用數種方式分切牛的胸腹部位，提供多達十種的牛五花肉菜單。在此將爲您介紹該店從孩童到高齡者、一般的肉類愛好者都極爲喜愛的牛五花肉商品化技術。

牛胸腹肉商品化

被稱爲牛胸腹肉的部位，又可以大致分成外腹部與中腹部兩個部分。因位屬腹部所以脂肪含量非常多。「燒肉 スタミナ苑」採購的是已做好分割處理並修清至一定程度的牛肉。接著在於店內剔除多餘脂肪，將肉修整成不會讓人感到過於油膩且能嚐出牛肉甘甜滋味的牛五花肉。

從牛胸腹肉分割下來的部位

歸類於「牛五花肉」範疇進行商品化的牛胸腹部位。由於不在此列的腹板肉與外腹肌的肉較薄且硬，所以大多不作爲燒烤食材，而是用於燉煮料理或韓式湯泡飯等菜品之中。該店使用嚴選黑毛和牛。攝影當下爲松阪牛。

腹肋肉
③上等牛五花肉
⑥牛五花肉

胸腹板肉
①涮牛五花肉片
②特牛五花肉

後腰脊翼板肉
⑩特選厚切 後腰脊翼板肉
⑨後腰脊翼板肉

側腹脇肉
⑥牛五花肉
⑫精燉牛筋肉

牛肋條
⑤特選全條牛五花肉
④牛肋間五花肉
⑥牛五花肉

腹脇肉
③上等牛五花肉
⑥牛五花肉

側腹蓋肉
⑥牛五花肉

內裙肉
⑥牛五花肉

豐富而多樣化的牛五花肉

7 鹽烤牛五花肉・1430日圓

8 蘸醬牛五花肉・1320日圓

9 後腰脊翼板肉・1825日圓

10 特選厚切後腰脊翼板肉・2200日圓

11 和牛邊角肉・858日圓

12 醬滑牛筋肉・836日圓

1 涮牛五花肉片・2750日圓

2 特選牛五花肉・2695日圓

3 上等牛五花肉・1980日圓

4 牛肋間五花肉・1430日圓

5 特選全條牛五花肉・2530日圓

6 牛五花肉・1210日圓

・特選牛五花肉・

1

將分切涮牛五花肉片切剩的肉塊或邊角肉切成特選牛五花肉。分切成切面漂亮的段狀。

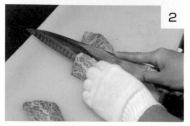

2

垂直肉的纖維紋理下刀，切成略有厚度的燒肉片。通常切成一份五片100g，但若遇到油花較多的情況則略為薄切成六片肉。

3

放到醃肉醬中沾覆上醬汁，一片片攤開來盛盤。由於此部位油花十分美麗，所以不抓醃，以利呈現美麗的切面。

醃肉醬
於供應前在基礎的醃肉醬中加入大蒜、苦椒醬、辣椒、黑胡椒、白芝麻與鮮味調味粉進行調味。

蘿蔔泥橙醋
蘿蔔泥橙醋使用橙醋與燒肉沾醬（該店沾醬）調配出來的醬汁佐搭蘿蔔泥。在清爽的風味之中增添沾醬的甘甜，提高與牛肉之間的對味程度。

分切

屬於脂肪含量較多的部位，所以要將表面的筋與脂肪剔除乾淨。照片為經過修清處理的完成品。由於此部位形如兩個肉峰相連，所以在其邊界線分切成兩大塊。如果有三個肉峰則切成三大塊。配合肉的形狀分切就不會有肉切剩的情況。

・涮牛五花肉片・

1

將兩大塊肉之中，形狀偏向長方形的肉拿來切成「涮牛五花肉片」。此處照樣在割除多餘脂肪的同時修整形狀，令切出來的長度顯得整齊一致。

2

沿著切面下刀，薄切成約3～4mm的厚度。

3

供應時沾上芝麻油，一片片攤開來盛盤。裹上芝麻油以後，即便肉片很薄也不會沾黏烤網。提供時附上蘿蔔泥橙醋。

胸腹板肉商品化

牛胸腹肉之中品質最佳，與肩胛小排相連的部位。內有細緻油花分布於其中，肉質亦相當柔嫩，如外觀所見、是美麗的霜降肉，在牛五花肉中視為特級上等。除了厚切之外，也會薄切成燒烤肉片的形式來供應，搭配蘿蔔泥橙醋享用可以更顯風味清爽。

涮牛五花肉片　　　　　2750日圓

油花過多的牛五花肉容易讓人敬而遠之，為了讓肉嚐起
來清爽而開發出來的菜品。

特選牛五花肉　　　　　2695日圓

將油花分布美麗的胸腹板肉拿來作為特選牛五花肉供
應。先分切成能欣賞到美麗切面的段狀再做切片。

・後腰脊翼板肉・

1

切厚切肉時切下來的邊角肉,可薄切成「後腰脊翼板肉」供應。採用斜向下刀的切法以便切出更大片的肉。由於此部位相當柔嫩,故而刻意順著肉的纖維紋理切片,藉此享受不同的口感也是很不錯的做法。

2

割除兩端肉較薄處的多餘脂肪後,薄切成「牛五花肉」。

後腰脊翼板肉切片

照片上側作為厚切肉,左側薄切後作為「後腰脊翼板肉」供應。右側則是以肉較薄處分切而成的「牛五花肉」。

・特選厚切後腰脊翼板肉・

1

切下兩端肉較薄的部分,再將正中央肉較厚的部分切成三等分。

2

將已三等分的肉塊切面皆修整成正方形,切成一人份140~150g的肉塊。

3

每個肉塊再繼續分切成三等分後盛盤。不事先調味,以便讓人能細細品嚐到牛肉的鮮甜美味。

後腰脊翼板肉商品化

接近菲力的高級部位,能從中品嚐到菲力的柔嫩度與瘦肉的上等鮮美滋味。由於帶有厚度的中心部位特別柔嫩,所以一開始就將該處切下來作為厚切肉供應。切不出完整塊狀的部分則薄切作為「後腰脊翼板肉」供應。此外,兩端肉較薄的部分由於瘦肉較多,故而作為「牛五花肉」使用。

後腰脊翼板肉　　1815日圓

為牛胸腹部中肉質最柔嫩且能品嚐到瘦肉鮮甜美味的上等部位。為了凸顯與牛五花肉之間的差別而以部位名稱作為商品名。裹上醃肉醬再做供應。

特選厚切後腰脊翼板肉　　2200日圓

為了能充分品味到後腰脊翼板肉的柔嫩與多汁程度而保留厚度。隨肉品附上塔斯馬尼亞產的顆粒胡椒與蘿蔔泥橙醋。

・上等牛五花肉・

切成稍有厚度的燒肉片,以五片100g為基準進行切片。而脂肪含量偏多的部分若以相同厚度分切會顯得過於油膩,所以作為普通「牛五花肉」供應。

此部位不易沾附醃肉醬,但一抓醃又會破壞整體外觀。故而將肉片放入醃肉醬之中輕輕施壓,讓醬汁滲入其中,再一片片攤開盛入盤中。

分切

有條粗大血管縱向分布於其中。在這條血管旁邊下刀進行分切,更容易剔除血管。

用刀子割除位於切口處的血管,接著再將附著脂肪的部分也一併剔除,於此處調整脂肪含量。

腹肋肉商品化

堪稱「真・牛五花肉」,是最能品嚐到牛五花肉風味的部位。富含油脂的同時還能充分享用到牛肉的鮮甜美味,也很適合搭配包上拔葉萵苣的享用方式。依據脂肪的分布狀況分別用於「上等牛五花肉」與普通「牛五花肉」。由於脂肪含量過多會顯得油膩,所以需要留意分切厚度。

上等牛五花肉　　　1980日圓

可享用到牛五花肉獨有的甘甜油脂與牛肉鮮甜美味的一道菜品。與醬汁相當對味。

・牛肋間五花肉・

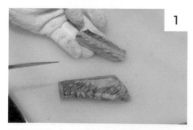

1

將處理全條牛五花肉切下來的部分或肉較薄的部分拿來作為「牛肋間五花肉」。為了盡可能切得更大片，將刀子橫臥下刀，切成普通的燒烤肉片。

2

由於本身脂肪含量較多，確實抓醃入味會更為美味。將肉放入醃肉醬裡，充分抓醃以後盛入盤中。由於此部位容易讓人感到油膩，所以隨附上涼拌蔥絲。

・牛五花肉・

1

零碎部分的肉同樣選在最有厚度的地方下刀，把肉割開後再攤開來，就能作為一片「牛五花肉」充分利用。在較厚處中間下刀，劃開至不會將肉切斷的深度。

2

因為肉質較硬，所以重點在於要在攤開來的肉片上面垂直劃上細密刀痕，以此讓肉更容易咀嚼且更易於沾附醬汁。

・特選全條牛五花肉・

1

使用牛肋條中最厚的部分。如果選用的部分太薄，肉會容易破碎分離。割除殘留於表面的碎骨與多餘脂肪，分切成適當長度。

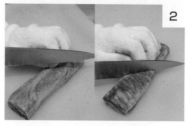

2

因頗具厚度，所以雙面劃上刀痕好讓內部更易受熱。藉由斜向下刀切斷肉的纖維。

3

將肉放到醃肉醬之中好讓刀痕切口也完全浸泡在醬汁裡。盛盤撒上白芝麻，附上蘿蔔泥橙醋一同供應。

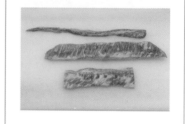
涼拌蔥絲

白蔥絲加上芝麻油、鹽巴、黑胡椒與醋進行調味。隨附於脂肪含量較多的牛肋間五花肉旁，有助於爽口解膩。

照片左側有油花分布其中，切面顯得十分美麗的是「牛肋間五花肉」。右側有筋分布其中的部分則作為「牛五花肉」使用。

特選全條牛五花肉　　　　　　　　2530日圓

藉由提供整塊牛肋條，可從中享用到隨著咀嚼擴散開來的濃郁鮮甜美
味。充分沾取蘿蔔泥橙醋享用。

牛肋間五花肉　　　　　　　　　　1430日圓

屬於牛肉風味濃郁的部位，因此可附上帶有酸味的涼拌蔥絲搭配享用，
爽口而去味解膩。

割除表面的脂肪與牛筋。因為牛筋還可活用於料理之中，所以連肉一起割下。切除肉與筋相連的部分。

肉中也有筋分布其中，在切塊的同時予以割除。

內裙肉商品化

接近外橫膈膜的部位，日文又稱為「インサイドスカート」、「ウチハラミ」。肉質與外橫膈膜十分相近，肌肉纖維粗而肉味濃郁。肉中帶筋的部分割除下來歸類為「邊角肉」。由於有牛筋分布其中，需邊去筋邊分切成塊。

基本上要垂直肉的纖維紋理進行切片。

因頗具厚度，雙面劃上刀痕好讓內部更易受熱。藉由斜向下刀切斷肉的纖維。

以斷筋器按壓整體表面，切斷肉筋。

由於切成肉片後還會再次以斷筋器切斷肉筋，所以要先計算好肉片的切面寬度再分切成長條狀。要分切成比一般情況還要再窄上一點的切面寬度。

腹蓋肉商品化

屬於肉質偏硬且不含油花的部位。一旦將脂肪清除得太過乾淨，就會失去五花肉本身的味道，所以修清的重點在於合理保留適度脂肪。在分切成長條狀前與切成肉片後的兩個階段皆使用斷筋器切斷肉筋，就能讓肉更易於咀嚼。

分切成段以後，調整脂肪含量，以像是要切斷肉的纖維那樣斜向下刀。斜向下刀還能切出較大片的肉。

將數片切下來的肉片疊在一起，使用斷筋器按壓斷筋。因為單片肉過薄會不便針尖完全穿透，所以要數片疊合在一起穿刺。

肉逐漸變薄的那一側預留較大寬度，將肉分切成兩大塊。

較薄的那一塊切成略薄的肉片，作為「牛五花肉」供應。

有著美麗切面的厚實側切成略有厚度的肉片，作為「上等牛五花肉」也很不錯。切面相當漂亮。

腹脇肉商品化

為胸腹部中最接近大腿根部的部分。修清之後的肌肉纖維走向狀如竹葉，所以日文又稱為「ササバラ」、「ササミ」。油花分布細密，最具厚度的部分口感絕佳，也能作為「上等牛五花肉」供應。肉較薄的部分則作為「牛五花肉」。

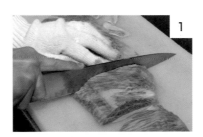

除去表面多餘脂肪，分切成塊。

位於側腹脇肉脂肪與肉之間的筋，可以商品化為「醬滑牛筋肉」（→P.22）。牛筋連帶著少許脂肪與肉一同從整塊肉上割下。

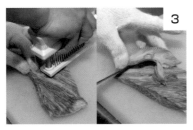

割除帶筋的部分。重點在於要使用斷筋器把筋切斷，好讓肉更易於咀嚼。

在肉塊上斜向下刀，以便將肉切得更大片。

側腹脇肉商品化

與腹肋肉相連的部位，脂肪雖少卻能享用到濃郁的牛瘦肉風味。因肉質較硬，所以要使用斷筋器讓肉更易於咀嚼，切片後作為牛五花肉供應。帶筋的地方連肉一起割下，可作為「醬滑牛筋肉」進行商品化。越嚼越能嚐到牛肉的鮮甜美味，是一道相當受歡迎的小菜。

「普通牛五花肉」的多樣化

特選、上等以外的「牛五花肉」，由腹脇肉、內裙肉、腹蓋肉、側腹脇肉的肉片組合成盤。若遇到狀態良好的腹肋肉跟牛肋條也會作為「牛五花肉」使用。除了使用醃肉醬抓醃的「牛五花肉」之外，還延伸出以鹽醃調味料抓醃的「鹽烤牛五花肉」，以及將大量蔥花盛放在以醃肉醬抓醃過的牛五花肉上，吃起來風味爽口的「蔥醬牛五花肉」。藉由準備數種不同的享用方式來提高普通「牛五花肉」的魅力與價值。

・蔥醬牛五花肉・

1

醃肉醬倒入大量蔥花之中輕輕抓拌入味。蔥花使用常被人捨棄不用的蔥綠部分，以此減少食材的浪費。

2

將較多的蔥花擺到以醃肉醬抓醃過的牛五花肉上，連同鋁箔烤盤一起端到顧客桌上。也可使用鹽烤牛五花肉。

3

將肉上的蔥花移到鋁箔烤盤裡，放到烤網中央，在周圍炙烤牛肉片。

4

當牛肉烤好之際，蔥花也加熱得差不多熟軟了。將蔥花擺到肉上面一同享用。

・鹽烤牛五花肉・

1

使用內裙肉、腹脇肉、側腹脇肉各兩片。一人份100g。

2

調配鹽醃調味料。將鹽巴、黑胡椒、大蒜、鮮味調味粉、白芝麻、芝麻油與蔥花充分混拌均勻。

3

將肉放到鹽醃調味料中抓醃。讓鹽分充分滲入肉中。

・牛五花肉・

1

腹蓋肉、腹脇肉、側腹脇肉各兩片，合計100g為一人份。搭配使用的部位會依庫存狀況而變動。

2

調配醃肉醬。在醃肉醬中加入苦椒醬、黑胡椒、辣椒、鮮味調味粉、大蒜、白芝麻與蔥花。

3

將肉放到醃肉醬中抓醃。確實抓醃入味後盛盤。

牛五花肉 1210日圓

一提到牛五花肉就會聯想到醬烤牛五
花肉。藉由充分抓醃來燒烤出不論是
配飯或下酒都很對味的燒肉。

鹽烤牛五花肉 1430日圓

這道鹽烤牛五花肉有著使人食慾大增
的芝麻油與大蒜香氣。在想變換口味
的顧客之中也頗受好評。

蔥醬牛五花肉 1320日圓

基於想活用蔥綠部分的想法而開發出
來的菜品。透過分開燒烤的方式避免
了蔥花掉落的問題。

活用邊角料，創造出能賣錢的菜品

肉價不斷上漲的現今，讓人就連邊角肉與帶筋肉也想毫不浪費地用於商品化。切不出完整燒肉片的邊角肉雖然無法自成一道菜品，但將各個部位湊在一起組成一盤就能營造出高價值。帶筋部分只要在修清的時候多留些肉在上面，也能作為燒肉菜品使用。這種可用於馬鈴薯燉肉或咖哩等家常料理的帶筋肉也有在該店的熟菜部門販售，相當受到歡迎。

活用「帶筋肉」

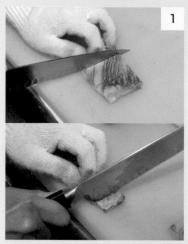

割下來的牛筋（參閱P.19「側腹脇肉」步驟2）切成易於食用的大小，用刀跟戳打，使其更容易咬斷。

可使用醃肉醬或鹽巴調味。推薦搭配醃肉醬，以醃漬內臟用的味噌醃肉醬搭配蔥花、白芝麻、辣椒粉進行調味，充分抓醃入味。

活用「邊角肉」

和牛邊角肉　　　　　　　　858日圓

使用切面不足的邊角部位的燒肉菜品。這道菜品裡包含了牛五花肉、里脊肉、外橫膈膜等各個部位，因此能嚐到多樣滋味而相當受到歡迎。以醃肉醬抓醃後供應。

醬滑牛筋肉　　　　　　　　836日圓

以甜甜辣辣的味噌醃肉醬充分抓醃入味，能嚐到牛筋的咬勁與鮮甜美味的一道菜品。有著不同於燒烤牛肉的美味，是暢飲啤酒之際備受歡迎的下酒菜。

「燒肉 スタミナ苑」的燒烤方式

厚切肉或薄切的「涮牛五花肉片」等菜品由店員協助燒烤、解說燒烤方式，讓顧客能在最佳時間點享用美味。烤爐調整成外側部分低溫、內側高溫，中心處介於二者之間的溫度。特別是在燒烤厚切肉的時候，尤需活用烤爐特性，留意以高溫處炙烤上色，以低溫慢火烤熟等細節。

| 「特選全條牛五花肉」 | 「特選厚切後腰脊翼板肉」 | 「涮牛五花肉片」 |

放到烤網中央，頻繁翻面將肉烤至整體微焦上色。

為了讓厚切肉更顯美味，會安排由店員協助燒烤或給予燒烤方法建議。先將表面烤熟。

用夾子夾起肉片邊緣，炙烤時在烤網上來回翻動，避免沾黏。

烤爐中央處為中火，外側為大火，最外圍則是小火。一邊考量炙烤位置、一邊讓整條肉平均受熱。

為了嚐到柔嫩的後腰脊翼板肉，持續翻面以避免表面烤焦，均勻炙烤每一面。

待肉變色以後，將肉捲起來烤，沾取蘿蔔泥橙醋享用。由於肉片很容易烤熟，需留意不要烤得頭。

烤出焦色與香氣之後，用料理剪刀剪成小塊，再炙烤至個人喜好的熟度。若由顧客自行燒烤則給予應儘早分剪成小塊以避免烤焦的建議。

充分炙烤至五分熟即可，搭配蘿蔔泥橙醋或芥末籽醬。因芥末籽醬味道十分濃郁，所以少量搭配享用。

搭配加了蔥花的蘿蔔泥橙醋，享用風味清爽的好滋味。橙醋混合燒肉沾醬能讓味道更顯醇和，和肉的脂肪也更為對味，相當受到歡迎。

前肩肉商品化

位於牛前腳肩胛骨附近的部位。由於是個會經常活動到的地方，所以肌肉發達而肉質略硬，特色在於有著瘦肉的濃郁風味。分割成肩胛里脊肉、肩胛板腱肉、上肩胛肉、上肩胛板腱肉、肩胛五花肉、肩胛小排、小肩肉等部位的同時順帶劃分等級，將肉中富含油花的部分歸為上等，瘦肉較多的部分歸為普通。牛筋較多的部分用於熬湯而不作為燒烤食材。

牛臀肉商品化

為牛的臀部，可大致分成上後腰脊肉與上後腰脊蓋肉。靠近菲力與沙朗的上後腰脊肉雖然油花含量不多，但肉質軟嫩，大多歸類於上等牛里脊肉。肉質有些不同的部分切成內臀芯與後臀芯。臀部上方為上後腰脊蓋肉，其肉質十分軟嫩，風味濃郁而醇香，劃分為上等牛里脊肉。

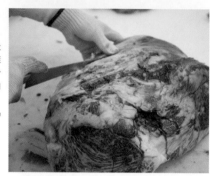

後腿股肉商品化

位於後腳根部，呈大球狀的整塊瘦肉部位。日文名稱「シンタマ」（芯玉）也是源於其外形。可分切出下後腰脊角尖肉、下後腰脊球尖肉、外後腿股肉、後腿股肉心四個部分。其中有著漂亮油花分布的下後腰脊角尖肉屬特級上等部位，作為特級里脊肉等特別菜單供應。下後腰脊球尖肉、外後腿股肉由於瘦肉較多，所以作為普通牛里脊肉。後腿股肉心油花較多的部分作為上等牛里脊肉，其餘部分則作為普通牛里脊肉。

普通牛里脊肉・上等牛里脊肉商品化

在肉品中心分切好以後，以不易滲出血水的「真空包裝」將分成250g左右的肉塊包裝起來。依照肉的品質分成「普通牛里脊肉組合」與「上等牛里脊肉組合」，靜置十天左右再經由自家貨運以低溫冷藏狀態運往旗下店鋪。

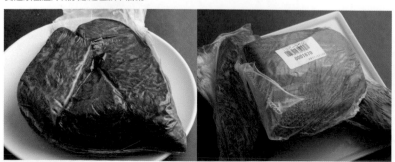

「燒肉 平城苑」

掌廚／品牌經理・宮田眞介

「牛里脊肉」的商品化技術

「平城苑」以東京、千葉、埼玉為中心，在日本全國展店三十多家店鋪。於埼玉縣八潮市設立自家的「肉品中心」，以「平城苑」的規格為基準進行整頭黑毛和牛分割肢解。里脊肉使用的是前肩與後腰臀部位的肉，一邊割除牛筋與脂肪一邊進行部位肢解，按照肉質的優劣區分成普通牛里脊肉用、上等牛里脊肉用，以及燉湯用的類別。接著再修整成便於立刻分切的形狀，進行密封包裝，熟成以後送往旗下店鋪。建構出一整套更有效率的店內商品化作業流程。

和牛里脊肉　　1540日圓

普通牛里脊肉使用自前肩與後臀分割下來，沒有油花的多瘦肉部位。肉質粗糙的部分先在長條狀的狀態下使用斷筋器切斷肉的纖維再行分切。這樣可以讓肉更易於咀嚼，也能讓醮肉醬更容易滲入其中。

和牛上等牛里脊肉　　2530日圓

將前肩與後臀肉中的上肩胛肉、肩胛板腱肉、後腿股肉心、上後腰脊肉、上後腰脊蓋肉等肉質較柔嫩且含有油花的部位拿來作為上等牛里脊肉。不使用斷筋器，而是在能切斷纖維的方向下刀，將肉切成薄片。

上肩胛板腱肉

8

接著從前肩上面把上肩胛板腱肉分割下來。上肩胛板腱肉下面有個肩胛板腱肉，因為裡頭有個能作為燒烤食材的小肩肉，所以先將這個部位切下來。

9

切下來的小肩肉仔細剔除筋與脂肪，作為普通牛里脊肉使用。

10

割下上肩胛板腱肉與肩胛板腱肉。在二者之間下刀，左手提起上肩胛板腱肉的同時，割開相連之處。

11

由於上肩胛板腱肉是個筋較多的部分，所以割下較大的筋、整個剔除下來。

5

因為裡面還有筋，在筋的上方下刀，劃進去割開上側的肉。

6

割除殘留在下側的筋。將上下兩片肉都修清處理乾淨。

7

各分切成兩等分的長條狀。因為是瘦肉多且肉質粗糙的部位，所以作為普通牛里脊肉供應。

修清肩胛里脊肉

1

肩胛里脊肉（黃瓜條）位於前腿骨內側，在去骨之前就先分割下來。因為外形酷似辣椒所以日文將其稱為「トゥガラシ」（辣椒）。肉質雖然粗糙，但有著瘦肉的濃郁鮮味。

2

由於內有粗筋，在牛筋之間下刀，剝離上側的肉。

3

剝離下來的肉不易切出合適的燒烤用肉，所以切塊作為熬湯食材。

4

修清肩胛里脊肉。切掉帶筋部分，連割帶剝除去表面的筋膜。

分割上肩胛肉與肩胛板腱肉

20

照片外側為肩胛板腱肉，內側為上肩胛肉。用手提著上肩胛肉，在肉的交界處下刀割開相連之處。

分切肩胛板腱肉

21

從肩胛板腱肉切下小肩肉，作為板腱肉使用。小肩肉的部分不容易切出合適大小，所以切下來用於熬湯食材等用途。

22

將覆於表面的筋與脂肪剔除乾淨。

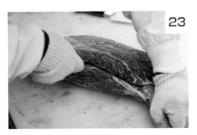
23

將分布於中間的粗筋也去掉。在筋的上方下刀，切下上側的肉。

切下肩胛五花肉

16

割下疊在上肩胛肉上的肩胛五花肉。肩胛五花肉是個含有油花的部位，修清處理後作為普通牛五花使用。

17

割除邊緣脂肪，避免有脂肪超出肉塊。

18

修整脂肪的厚度。依照「平城苑」牛五花肉的脂肪厚度「ten millimeter under」，調整為10mm以下。

19

以三根手指的寬度分切成長條狀，接著再次割除多餘脂肪，調整脂肪含量。

12

由於其中還有筋，所以用較小的刀子劃進去把筋割下來。有筋殘留會令口感變差，所以要仔細剔除乾淨。

13

切下夾在部位與部位之間的小肩肉，剔除筋與脂肪作為普通牛里脊肉使用。

切下牛板腱

14

將上肩胛板腱肉中，形似鰹魚乾的肉塊切下來。在肉的下方劃入刀子，沿著肉的交界處把肉切下來。

15

照片外側為最先分切下來的上肩胛板腱肉，內側則是牛板腱。二者皆把筋剔除乾淨，切成易於分切的長條狀。因為肉質較硬，所以作為普通牛里脊肉使用。

自前肩切下來的普通里脊用肉。進行部位修清、分割的同時檢視肉質狀況，切成立刻就能切出肉片的段狀。

上等里脊用肉。將前肩依然含有油花的部分歸類為上等牛里脊肉使用。

熬湯用肉。切不出合適大小的燒烤用肉或肉質太硬的部分可收集起來作為熬湯食材使用。

修清時剔除下來的筋與脂肪各自收集在一處，賣給專門收購的業者。

28

裡面有條粗筋，把肉拉開的同時在筋的上方下刀，沿著牛筋劃進去將肉切下。

29

上側的肉也有筋分布其中，所以在牛筋處分切成兩個部分，分別做修清處理。

30

下側肉的筋也一併剔除。這些筋另有筋的用途，所以要厚厚割下一片，以免有筋殘留在肉上面。

31

將下側肉分切成五塊。右側肉質有些粗糙，所以作為普通牛里脊肉。剩餘的四塊依照分切後的油花分布狀況，作為上等牛里脊肉。

24

割除殘留在下側的筋。

25

板腱肉有油花分布，肉質也很柔嫩。上側油花分布較多的部分有時會作為特別菜單裡的特級里脊肉，但基本上多作為上等牛里脊肉使用。下側的肉同樣是上等牛里脊肉。邊端肉質粗糙的部分作為普通牛里脊肉。

分切上肩胛肉

26

從上肩胛肉上面切下肩胛小排。此部位時常活動而肉質較硬。如果修清後的狀態不錯就作為普通牛里脊肉。特別硬的部分則作為熬湯食材使用。

27

剝除覆於上肩胛肉上的脂肪與筋膜。

分切上後腰脊蓋肉

將表面的筋剝除乾淨。上後腰脊蓋肉的外緣容易帶筋，主要作為普通牛里脊肉使用。帶油花而肉質柔嫩的部分則作為上等牛里脊肉。

把筋剝掉以後，會露出帶有粗血管的地方。沿著血管下刀，將肉切開。

切到底部將肉整個切離。

切下來的肉塊縱向對半分切，接著再各自對半分切一次。這樣就能切出方便分切的肉塊，屬上等牛里脊肉。

切下與上後腰脊肉相連的內後腰脊蓋肉。日文名稱「ベラ」源於外觀形似鞋拔（クツベラ）。

因肉質十分柔嫩，修清之後作為普通牛里脊肉使用。

分割上後腰脊肉與上後腰脊蓋肉

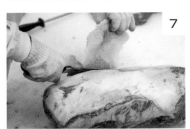

仔細剔除覆在表面的筋與脂肪。用刀子割去與筋相連之處。

內側為上後腰脊肉，外側為上後腰脊蓋肉。自二者交界處翻起上後腰脊肉的同時，刺入刀尖將肉割下。

分割腰臀肉

切下內腰脊肉、內腰里脊肉、內後腰脊蓋肉

首先切下與上後腰脊肉尾端相連的內腰脊肉。

屬於一頭牛只能取得兩條的稀有部位，肉質柔嫩鮮甜而十分具有深度。兩條合起來包裝，依店鋪需求作為特別菜單供應。

接著切下尾端周圍的內腰里脊肉。

因為是時常活動的部位，所以風味濃郁而肉質粗糙，切得細一點作為熬湯食材使用。

分切內臀芯

21

內臀芯的前端部分較為柔嫩。在不同肉質部位的交界處下刀，分切成兩等分。照片內側為肉質柔嫩側，割除表面的筋之後，作為上等牛里脊肉使用。

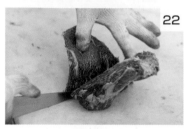
22

肉質較硬側有筋分布於其中，所以在筋的旁邊下刀做分切，除去裡頭的筋。

23

剔除所有肉眼可見的筋，物盡其用地作為燒烤食材使用。

分割上後腰脊肉

17

將上後腰脊肉分割成內臀芯與後臀芯。照片右側為內臀芯，左側為後臀芯，中間有條白色的粗筋。在筋的中間下刀。

18

因為肉較厚實，所以在背面也同樣下刀，分割成內臀芯與後臀芯。

分切後臀芯

19

割除內臀芯與後臀芯之間的筋。連同表面可見的筋也仔細剝除。

20

特色在於外觀細長。分切成三等分並將柔嫩的部位作為上等牛里脊肉使用。

13

剩下的上後腰脊蓋肉也割除厚厚的一層，修清處理乾淨。

14

先切下邊端細窄部分，修整肉的形狀。由於此部分瘦肉較多，所以去筋後作為普通牛里脊肉使用。

15

以三根手指寬的寬度，順著肉的纖維紋理分切成長條狀。

16

因肉較厚，所以將步驟15分切出來的肉塊再對半切成厚厚的兩塊。此部位有油花分布所以作為上等牛里脊肉。

外後腿股肉的筋十分不易咀嚼，所以在帶筋之處下刀切開，把筋仔細剔除乾淨。

在帶有大條筋之處下刀切成四塊，作為普通牛里脊肉使用。

分割後腿股肉心與下後腰脊球尖肉

去除連在後腿股肉心上側形如圓殼狀的肉塊。先切除帶筋部分，露出後腿股肉心與下後腰脊球尖肉的分界處。

在肉的交界處深深劃下一刀，順著後腿股肉心側的筋膜把肉割開。

將切除兩端的中央部分，平均切成兩等分。剔除表面多餘的筋與脂肪，作為上等牛里脊肉使用。

切下外後腿股肉

剝除後腿股肉表面的脂肪與筋膜，露出裡面的肉。

切除又被稱後腿股蓋肉的外後腿股肉。一邊用手指拉開連著後腿股肉的外後腿股肉，一邊把肉割開。

外後腿股肉裡面含有粗筋。在筋的旁邊下刀將肉切開並把筋剔除乾淨。此部位瘦肉較多而肉質較粗，作為普通牛里脊肉使用。

分割後腿股肉

剝除覆蓋在後腿股肉表面的脂肪，取出裡面的肉。後腿股肉可以分割出下後腰脊角尖肉、下後腰脊球尖肉、外後腿股肉與後腿股肉心四個部分。

切下下後腰脊角尖肉

首先要分離位於後腿股肉上部的下後腰脊角尖肉。在肉的交界處下刀，邊拉起下後腰脊角尖肉邊用刀將其自相連之處割下來。

配合三角形的形狀分切成長條狀。切下邊端細窄部分並切除表面帶筋的部分。

同樣切下另一邊的細窄部分後去筋。因為是油花分布較少的部分，所以作為普通牛里脊肉使用。

檢視切面的油花分布狀況，分切成兩大塊。油花較多的一側作為上等牛里脊肉，另一側油花較少的部分則作為普通牛里脊肉使用。

先前切下的另一塊也分切成兩塊長條狀。由於不含油花，所以歸類為普通牛里脊肉。

因為肉中有條粗筋，所以在有筋之處下刀切開。

雖然該條筋只到一半就沒了，但因為前端部分肉質較硬，所以也一併切除。依肉質決定是要作為普通牛里脊肉或熬湯食材使用。

在筋的上方下刀，把肉切成兩大塊。

將殘餘的筋剔除乾淨。

繼續用刀子劃至後腿股肉心下側，切至筋膜邊緣直接把肉整個切下。

分切下後腰脊球尖肉

大面積割除位於下後腰脊球尖肉內側的筋膜，修整切面。

平行肉的纖維紋理下刀，分切成段狀。先切下肉較薄的兩端，再將肉較厚的部分對切成一半，切成四塊。整體屬於肉質粗糙的部位，故而作為普通牛里脊肉適用。

分切後腿股肉心

去筋好讓表面口感變得滑嫩。

內側後腿肉切片

在肉塊中央斜向入刀切成兩大塊。與其從邊端分切，從正中央下刀更易切出切面平整且形狀完整的肉片。照片為牛內側後腿肉。

肉片厚度為3～5mm。在能切斷牛肉纖維的方向下刀，以左手固定住肉的同時將刀朝自身方向拉動。

將刀子拉向自己這一側，最後再立起刀尖切下肉片。這樣的切法可以切出如生魚片般稜角分明的美麗切邊。

按住左側固定肉塊的同時，右手持刀朝自身方向拉切。這種輕壓固定與拉切之間的平衡正是切出平滑切口的重點所在。分切的時候要盡可能讓每片肉的切面大小與公克數一致。

去除血水

打開肉品中心配送來的「普通牛里脊肉」真空包裝，在營業前進行肉品分切。

把肉放到吸水保鮮紙上面，用保鮮紙吸去血水。

使用斷筋器

作為普通牛里脊肉使用的部位纖維較多，容易受熱收縮。為了避免里脊肉經火烤以後肉質變得過硬，要先在長條狀的狀態下先用斷筋器切斷肉筋。雙面皆確實戳入至肉塊厚度的三分之二處。

斷筋器的針尖狀如矛，使用前需斟酌下針方向，讓這些針尖與肉的纖維呈垂直角度。這個步驟可以讓肉享用起來的口感更顯柔嫩。

「普通牛里脊肉」商品化

將前肩與後腰臀之中不含油花且極具彈性的部分拿來作為普通牛里脊肉。處理的重點在於要在長條狀的狀態下先用過斷筋器再行分切，以避免肉片在炙烤的時候收縮，同時也是為了讓口感更顯柔嫩。藉由切斷肉的纖維，再細心燒烤，就能更容易地沾附沾醬。

肩胛板腱肉切片

用吸水保鮮紙裹住從真空包裝裡取出來的肉塊，拍在肉上面吸去表面的血水。

肉太大塊的時候，以三根手指寬的寬度，順著肉的纖維紋理分切成長條狀。

從分切好的肉塊邊端開始，以垂直肉塊纖維紋理的角度下刀。

拉動刀子切割肉片，拉至尾段時立起刀尖將肉割斷，切出有稜有角的切邊。每片肉的重量要切得比普通牛里脊肉多上2g的程度。這麼做是為了讓人能在肉片入口以後，嚐到比普通牛里脊肉還要高的滿足感。

「上等牛里脊肉」商品化

「上等里脊組合」裡面包含了肩胛板腱肉、上肩胛肉等前肩肉，以及在後腰臀之中也屬上等的肉。因為有油花分布其中而肉質軟嫩，所以分切前不使用斷筋器，在能切斷纖維的方向下刀薄切成片。

切到邊緣處，由於切面不大，所以要改變一下切法。

切除餘角讓肉片維持同樣的公克數後，在最有厚度的地方劃入刀子。切除的邊角肉作為熬湯食材使用。

將肉割開至不會分離的最大限度，完整攤開整個切面。

在中央處細細劃入刀痕，使切面變得平整。利用這項刀工技巧就能切出不輸其他切片的一片肉。

調味里脊肉

以醬汁為里脊肉進行調味。「平城苑」用於醃肉醬、沾醬的醬汁皆使用委由醬油廠商生產的自有品牌作為基底，再由旗下各店鋪自行增添蔬果與調味料調製而成。醃肉醬調配成味道鮮明的濃烈風味。沾醬則是調配成酸甜適中而甜中帶酸的風味。此外也會配合來店客群調整味道，例如郊外店就會調配成較甜的風味。

上後腰脊蓋肉切片

自真空包裝裡取出肉塊，以吸水保鮮紙吸去血水。檢視肉塊形狀，切去一端邊角以便於分切。

呈放射狀擺入盤中即可供應。該店考量高齡層顧客也會點來享用，所以不撒上白芝麻。

肉片放入醃肉醬中沾附醬汁而不抓醃，讓醬汁自然滲入肉中。普通牛里脊肉會使用斷筋器斷筋，所以也很容易吸收醬汁。

下刀時傾斜刀身好讓刀子垂直肉的纖維紋理，分切成同樣大小的肉片。

NIKUSCO （ニクスコ）

餐桌上除了燒肉沾醬與檸檬沾醬之外，還有為燒肉而開發出來、以柚子胡椒為基底的辣味醬，讓顧客一嚐多樣風味的樂趣。

按各部位所能分切出的上等牛里脊肉規格分切出一致的公克數，避免出現大小不一的情況。

和牛里脊肉

牛肉的保存方法

自真空包裝裡取出的肉塊，要放到吸水保鮮紙上面，輕輕按壓吸去外面的血水以後再行分切。此時用過的吸水保鮮紙可保留下來先不丟棄，於暫時保存牛肉的時候再做使用。這麼做的理由在於全新的吸水保鮮紙會吸收過多的水分，但若使用吸過水分的保鮮紙來包裹，牛肉就不會太過乾燥。

和牛上等牛里脊肉

「平城苑」的牛肉進貨架構

整個「平城苑」每年用到的和牛大約在五百頭以上。基於創業之際便秉持的「想供應燒肉用的上等和牛」理念，如今對A5等級和牛十分講究，會從日本全國各地嚴格挑選整頭牛採購。其中隱含了不希望和牛生產與市面流通這個日本引以為傲的文化有所止步的願景。在此將為您介紹「平城苑」肉品中心所進行的肉品加工、熟成、流通的整體架構，看看如果旗下設立多家店鋪該如何將整頭買下的牛物盡其用。

前肩、肩胛、胸腹、後腿股等粗略分割的部位，在室溫維持10℃以下的廠內，經由熟練的職員之手快速分切成適合燒肉用的規格。這種統一採購、統一處理的做法，讓旗下各店鋪不會品質良莠不齊，守住了「平城苑的品牌」。

設立在埼玉縣八潮市的「平城苑肉品中心」。自值得信賴的業者手中購得的牛肉除了會在此中心進行熟成、加工處理再送往旗下各店鋪之外，也會銷售至餐飲店。此外還販售供購物網站銷售的送禮用牛肉。

於二〇二〇年迎來創業五十週年的「平城苑」，其創業者的上一份工作為計程車司機，因有感於偶然間嚐到的燒肉之美味，進而立下要經營燒肉店的目標。在這樣的歷史背景之下，「平城苑」進貨選購的是整頭A5等級和牛。

「如果按部位進貨，很容易集中採購那些較受歡迎的部位，導致業者其他部位不容易賣掉。這樣會對花費時間與金錢飼養牛隻的生產者造成龐大負擔，甚至也有因而歇業的案例發生。」該店品牌經理宮田真介先生如是說道。

優秀業者採購全國數量有限的和牛，再同樣由中央進行庫存管理。

整頭和牛採購也能避免和牛生產前線有所衰退。該店旗下還有「燒肉平城苑」、「東京燒肉 平城苑」、「東京燒肉 一頭や」、「和牛放題の殿堂 肉屋橫丁」等店，配合地點與客群積極展店，繼而擴大和牛消費市場。

這些店鋪所用到的牛肉皆經由自有肉品中心統一進貨並進行加工處理。平城苑肉品中心每天處理四頭以上的牛隻。平城苑出面採購，再由熟悉肉品處理的職員將處於粗略分割狀態的大塊牛肉做修清處理，並分成易於切片的長條塊狀，再依上等、普通等用途做出分類。在這一連串的流程當中取出稀有部位，至於無法作為燒烤食材的邊角肉或肉質較硬的部分則作為熬湯食材。修清下來的筋與脂肪收集在一處轉賣給零售商使用。其加工處理之迅捷，就感受來說像是眨眼間的事，但這也正是一年採購五百頭以上牛隻才得以累積的處理速度。

分切下來的牛肉按塊密封成真空包裝，去骨後濕式熟成大約兩週的時間。以此最大限度提高牛肉的鮮甜美味，再依用途揀選歸類，送往店鋪。在這樣的架構運作下，不論旗下哪家店鋪都能即時供應相等品質的美味牛肉，向顧客傳遞和牛的美味。

自肉品批發商購得的是受到充分管理，每頭牛皆有其產銷履歷的牛肉。每個部位都會貼上標籤，明確標示出原產地、品種、牛隻個體識別號碼。

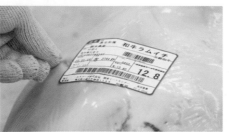

依照用途加工處理過的上等牛五花肉、上等牛里脊肉、普通牛五花肉、普通牛里脊肉等肉會合放在一起出貨。這些肉同樣會做履歷管理，以便追溯牛隻個體管理，為品質的安全性把關。

「牛里脊肉」的商品化技術

神奈川・川崎「大昌園 川崎駅前店」

掌廚／㈱滿福執行董事・林東澈

創立於一九八○年的燒肉老店「大昌園」，作為一家在住宅區之中屹立不搖的小鎮燒肉店而備受愛戴。傳承到第二代林東澈先生手上後，進化成了有規模的正統燒肉店，不斷催生出新的燒肉價值。如今已經以川崎為中心擴大至四家店鋪。冠上店名的「大昌園里脊肉」作為招牌菜品而博得相當高的人氣。里脊肉使用的是後腿股部位的肉。

龍紋厚切牛里脊肉

2500日圓（未稅）

以魄力十足的姿態提供的招牌菜品「龍紋厚切牛里脊肉」。選用後腿股肉中油花特別多的部分。切出一大塊肉，深深劃上狀如龍鱗的格狀刀痕後再供應。

上等牛里脊肉

1680日圓（未稅）

跟龍紋厚切牛里脊肉一樣都是從後腿股肉上面切下來的「上等牛里脊肉」。將多餘的筋與脂肪剔除乾淨，切成能欣賞美麗油花的大片薄切肉片。以放入醃肉醬裏附醬汁的方式來做調味。

王道牛里脊肉

1080日圓（未稅）

該店的里脊肉選用後腿股部位來進行商品化。「王道牛里脊肉」則是瘦肉較多的下後腰脊球尖肉。通常屬於普通等級的範圍，但因其濃醇的牛肉風味而人氣屹立不倒。以醃肉醬充分抓醃入味。

| 燒烤方式 | ・龍紋厚切牛里脊肉・ | 下後腰脊角尖肉的
龍紋厚切牛里脊肉／上等牛里脊肉 |

燒烤方式

事先預熱沾醬

因為不易受熱，所以由店員協助燒烤。龍紋厚切牛里脊肉用的沾醬是在調配好的醃肉醬裡加入一味辣椒粉增添辣味的醬汁。烤肉的同時預先加熱。

因為是厚切肉，所以要雙面來回慢慢翻烤。待表面烤出烤痕與香氣以後，用料理剪刀剪成一口大小再接著炙烤。

沾取醬汁繼續燒烤

烤肉的同時，沾醬也已加熱完畢。將烤好的肉放進去沾附醬汁以後再做燒烤。重複此過程2～3次，待烤得香氣四溢之際即可享用。

・龍紋厚切牛里脊肉・

剔除多餘脂肪

修清筋與脂肪的時候，要進一步仔細地剔除殘留於表面的脂肪。為便於分切成段，先切掉下後腰脊角尖肉的上緣。

切出龍紋厚切牛里脊肉與上等牛里脊肉用的肉塊。外形修整好以後再切成長方體，能讓切出來的切面更顯美麗。

先切龍紋厚切牛里脊肉。切成一塊100g以上的厚切小排。厚度依照切面的大小來調整。也會根據出餐數狀況切成上等牛里脊肉。

劃上格狀刀痕

單面劃上格狀裝飾刀痕，劃入的深度超過肉塊的一半厚度，將兩側向外翻開再行盛盤，展現美麗刀工。

下後腰脊角尖肉的 龍紋厚切牛里脊肉／上等牛里脊肉

→參閱P.37

後腿股肉在分割成下後腰脊角尖肉兩等分、後腿股肉心與下後腰脊球尖肉四等分的狀態下進貨。含有油花而肉質軟嫩的下後腰脊角尖肉用於「龍紋厚切牛里脊肉」與「上等牛里脊肉」。A5等級有時會出現脂肪含量過高的情況，故而也會依狀況使用A4等級。

下後腰脊球尖肉的王道牛里脊肉

→參閱P.37

將附著在內側的筋和薄皮剔除乾淨。這是個肉質略硬但越咀嚼越能嚐到瘦肉鮮甜美味的部位。因為肉的纖維切得越短吃起來越是軟嫩，故而以手工切成薄片。取而代之的是將肉切得較大片一點，以此營造出分量感。

調味

不論是下後腰脊角尖肉還是下後腰脊球尖肉切出來的里脊肉，都是以醃肉醬調味提供。其醬汁的風味在逐步的改良下已慢慢降低甜度，以求能充分品嚐到優質牛肉的好味道。

收到顧客點餐後，在醃肉醬中加入大蒜、芝麻碎、麻油充分混合均勻直至乳化。

切好的肉片一片一片仔細地抓醃以確保有沾附到醬汁。因為肉質軟嫩，無需過度抓醃，做到讓肉片充分裹附到醬汁的程度即可。

・王道牛里脊肉・

切成大片薄切肉片

因為下後腰脊球尖肉要切成一大片肉片，所以在不分切成長條狀的狀態下，從纖維紋路的相反方向切成薄片。切不出足夠大小的邊緣部分可切下來作為邊角肉加以活用。

切至整塊肉面積過大之際，將整塊肉對半切，接著繼續薄切肉片。

切出大片薄肉片

活用下後腰脊球尖肉的外形，薄切出「王道牛甲脊肉」的肉片。放入多加了芝麻碎、大蒜、麻油的醃肉醬中抓醃，而後盛盤。

・上等牛里脊肉・

調整切面大小

自有著稜角分明四角的長條狀肉塊上切出薄肉片。輕按肉塊進行分切的時候，要用紙墊在下面以避免手的溫度軟化牛肉。

因肉質比下後腰脊球尖肉還要柔嫩，雖然同樣切成薄片，也要多留點厚度。

包入蔬菜吃出燒肉新感覺！

提供蘿蔔嬰、薑絲、小黃瓜絲等各具口感或香氣的蔬菜，以及壽司飯等數十種配料做選擇。會想搭配薄切牛里脊肉吃點蔬菜或變換口味而加點的顧客也為數不少。

外橫膈膜與內橫膈膜商品化

這是牛的橫膈膜部位。該店以整頭牛的一組內外橫膈膜為單位進行採購。照片中央部分為內橫膈膜，兩側與外橫膈膜相連。能嚐到油花鮮甜滋味、多汁的外橫膈膜，以及能品鑑瘦肉美味的內橫膈膜各具特色風味，有不少顧客喜歡點來品嚐比較。肉質皆十分軟嫩。

外橫膈膜
・厚切外橫膈膜
・上等外橫膈膜
・外橫膈膜

內橫膈膜
・厚切內橫膈膜
・內橫膈膜
・橫膈膜筋

分割內外橫膈膜

外橫膈膜與內橫膈膜之間連著一大片筋膜，所以要先將其割開。

在肉與肉之間的筋膜下刀，分割出兩條外橫膈膜與一條內橫膈膜。

各自割除附於表面的大片筋膜。

東京・澀谷 「燒肉 ホルモン 新井屋」
掌廚／㈱新井屋執行董事・新井英樹

「外橫膈膜」的商品化技術

以新鮮度超群的牛內臟與甚是對味的下酒菜而博得人氣的「燒肉 ホルモン 新井屋」，以高圓寺的總店為首，阿佐谷、澀谷的分店也總是連日來客絡繹不絕。即便是從值得信賴的業者那裡進貨的內臟肉也會再仔細修清處理，不留一絲異味。該店對外橫膈膜尤其講究，選購的是已適度逸散水分而肉質緊實的優質熟成肉品。

厚切外橫膈膜・厚切內橫膈膜

將外橫膈膜中肉尤其厚的部分拿來作為「厚切肉」提供。由於肉中分布充足的油花，風味濃郁而多汁，為了讓人充分品嚐這種美味，所以切成大約2cm厚的厚切肉。內橫膈膜肉的油花含量雖比外橫膈膜還少，但也仍有瘦肉的鮮甜美味。同樣選用肉厚實的部分切成2cm多的厚切肉。為了讓顧客能更直接地享用到橫膈膜本身的美味，僅以鹽巴與黑胡椒做事先調味。附上山葵泥，搭配鹽山葵享用。

上等外橫膈膜

與厚切外橫膈膜一樣，將具有美麗油花分布，能切出較大面積的部分作為數量有限的「上等外橫膈膜」，面積小的部分則作為「外橫膈膜」來進行商品化。該店選購已逸散多餘水分，鮮味有所濃縮的高品質外橫膈膜。根據肉中水分含量的多寡，風味也會格外有所不同。以醃肉醬調味時無需抓醃，只要快速浸到醬汁裡過一遍的程度即可。

橫膈膜筋

將分布於內橫膈膜中的粗筋商品化、作為「橫膈膜筋」提供。連筋帶肉一起切下，再分切成易於食用的一口大小。考慮到咀嚼起來的口感與充盈口中的味道，在雙面都劃上刀痕，以鹽巴充分調味。跟啤酒與沙瓦等酒飲都十分對味，在酒客中頗受好評。

內橫膈膜

因為可切得的數量不多，所以作為重點菜品供應。屬於牛肉風味濃郁的部位，為了帶出其本身的美味，僅稍微撒上黑胡椒作為事先調味，搭配與瘦肉相當對味的醬油與山葵泥享用。

·上等外橫膈膜·

跟厚切外橫膈膜一樣切自於肉較厚實之處。垂直肉的纖維紋理下刀分切，能讓口感更有咬勁。

雖比厚切款還要薄上些許，但因為本身肉質就很軟嫩，所以要切得比一般肉片還要厚。

沾覆醬汁但不抓醃

醃肉醬中混入大蒜泥與麻油，放入切好的外橫膈膜沾附醬汁後盛盤。

·厚切外橫膈膜·

在可切斷肉塊纖維紋理的方向下刀，以2cm的厚度進行分切。

厚切肉片可在炙烤以後，享用到外側焦香、內裡柔嫩鮮甜的味覺對比。

用鹽巴提味，以便讓人享用到橫膈膜本身的美味。撒上鹽巴、黑胡椒後盛盤。

外橫膈膜商品化

去除多餘水分而「狀態良好」的肉

觀察外橫膈膜拿在手中的時候肉不會往下垂，就能知道其品質如何。適度去除水分可令肉質緊實，更添風味。

割除覆在表面的筋膜。用左手提起筋膜的同時，在筋膜與肉之間下刀將其割除。在此也一定程度除去表面脂肪。

確認肉塊分離處，分切成段

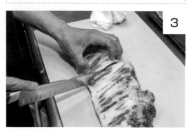

因為外橫膈膜的肉很容易分離，所以不必勉強分切成相同大小，只要在肉塊分離之處下刀分切成段即可。

進行修清處理，不留脂肪

由於肉中已有油花分布，所以在分切成段的同時也仔細剔除表面脂肪。

·厚切內橫膈膜·

為了更能品嚐瘦肉本身的鮮美，要仔細清除周邊脂肪再分切成段。接著再從能切斷纖維的方向切成2～3cm的厚切肉片。以每片肉40g為基準。

以肉看似就要分離之處為基準，垂直肉的纖維紋理下刀。

內橫膈膜商品化

因為肉量比外橫膈膜少，所以作為重點菜品供應。將分布其中的粗筋連肉一起切下，以「橫膈膜筋」之名作為一道菜提供。

修清處理分割好的內橫膈膜。由於表面覆蓋了一層筋膜，所以用刀子將其割除。

·內橫膈膜·

肉較薄而切不出厚片肉的部分拿來作為「內橫膈膜」供應。下刀時傾斜刀身以便能垂直肉的纖維紋理。

肉較薄的部分切成略有厚度的肉片。切面不大的部分則傾斜刀身下刀，盡量切出大一點的肉片。以每片肉20g為基準。

撒上鹽巴、黑胡椒做事先調味後再盛盤，附上盛有醬油與山葵泥的小碟子。

> 將粗筋連筋帶肉一起切下

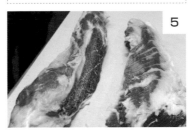

內橫膈膜分割成兩大塊的狀態。粗筋留在照片左側的肉上面。筋上面帶點肉能提高其商品化的價值。

自內橫膈膜上面切下粗筋。將粗筋正面朝上擺放，刀子打橫劃入其中把筋切離。

> 剔除脂肪，凸顯瘦肉的鮮甜美味

將背面連著大片筋膜的部分一併割除，修清表面的筋與脂肪。

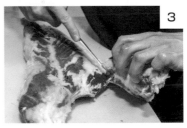

一側的肉有個分離之處，先將這個分離的肉切下來。

可以看到位於內橫膈膜中央的粗筋。將這條筋留在照片中左側的肉上面，切離右側的肉。

豬橫膈膜商品化

肉質軟嫩而多汁，是個能品嚐到濃郁鮮甜美味的高人氣部位。跟牛相比分量較少，易於進行整條供應等菜品的細部刀工處理。

5

留在上頭的肉能更添鮮味，成為一道富含嚼勁的燒肉。在筋的上面充分劃入刀痕，可以變得更易於咀嚼。

6

放到調理盆中，加入鹽巴、黑胡椒、麻油、大蒜泥。將味道調得重一些，能使其吃起來更下酒。

7

整體揉拌抓醃均勻，讓鹽巴確實醃漬入味。盛放到容器裡，在中央撒上白芝麻。

・橫膈膜筋・

1

從內橫膈膜上面切下來的粗筋作為「橫膈膜筋」進行商品化。由於是個富含嚼勁且不易咬斷的部分，所以要在上面劃上刀痕。

> 雙面劃上刀痕，方便食用

2

在筋的上面斜向劃上不至於會整個切斷的細密刀痕。

3

背面也同樣斜向劃入刀痕。

4

由於此部位韌性十足，所以分切成每片約15g的一口大小。雖然每片都切得不大，但也都能隨著咀嚼而充分感受到其中的鮮甜美味。

燒烤方式

整條肉放到烤網上面。因為不容易整條烤熟，所以要不斷翻動肉的位置以求烤得均勻。

在烤網上整個攤開來，雙面皆烤至表面金黃焦香。烤好以後再用料理剪刀剪成易於食用的大小。

醬烤全條BIG橫膈膜

使用整條豬橫膈膜的菜單。捲成一圈的盛盤方式充滿趣味性，是回頭率很高的一道菜品。可依顧客喜好選用鹽巴、醃肉醬、味噌醃肉醬等調味。重點在於用刀子充分劃上刀痕，藉此讓顧客能好好享用鮮甜多汁的橫膈膜與醬料完美搭配在一起的好滋味。

劃入刀痕讓整塊肉更易入味

結束修清後，快速用水沖洗一遍，再次擦乾水分並劃上刀痕。以5～6mm的間距斜向劃上較深的刀痕，背面也比照辦理。

將味噌醃肉醬塗覆到刀痕割開之處

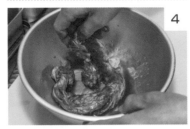

照片裡使用的是味噌醃肉醬。選用店內稱為「內臟肉味噌」的醬料為基底，加入大蒜泥、麻油調味，加到橫膈膜裡面抓醃。

・醬烤全條BIG橫膈膜・

肉品到了送抵店鋪的階段，大多都已經修清處理乾淨。為了清除表面髒污，快速地用流水清洗一次，擦去水分。

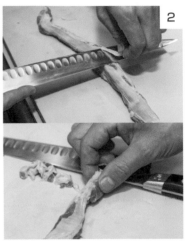

為了讓吃起來的口感更好，用刀子割除表面的筋膜。橫膈膜邊緣有時會附著軟骨，所以要仔細確認。

切塊以後進行修清處理

4

等切塊以後再來修清殘留的筋與多餘脂肪。仔細把筋剔除以免影響口感。

5

形狀完整的部分作為整塊炙烤的「極品外橫膈膜」。以每塊肉100g為基準。

6

肉質柔嫩且帶有油花的黑毛和牛外橫膈膜切成厚切燒肉片。這是因為切成厚切肉片可享用到橫膈膜的美味多汁。

修清外橫膈膜

進行修清處理

1

割除覆在表面的筋膜。膜與膜之間含有脂肪，須留意不要把脂肪清除得太過乾淨。

進行修清處理

2

有些地方的肉較容易分離，故而以這些地方作為下刀的基準進行分切。如果有肉太過零散則作為邊角肉使用。

3

分割好的狀態。接著再進一步修清處理。

神奈川・川崎
「大昌園 川崎駅前店」
掌廚／㈱滿福執行董事・林東澈

「外橫膈膜」的商品化技術

該店選用黑毛和牛外橫膈膜。由於外橫膈膜的肉很容易分離，所以要在肉塊分離之處下刀分切。這是因為即便將肉切得大小一致，一旦肉散掉也是徒勞。該店也會將此作為特色菜品「厚切燒肉」提供。店內的厚切燒肉備有牛外橫膈膜、牛舌、龍紋厚切牛里脊肉三種，也提供它們的拼盤組合。

黑毛和牛特選外橫膈膜

2480日圓（未稅）

「特選外橫膈膜」燒肉片。「炙烤後的醬香味為其靈魂所在」的燒肉片推薦醬烤。「厚切燒肉」則是鹽巴與山葵泥。這是因為肉與醬汁可以受熱炙烤的時間長短不同，而醬汁容易烤焦。

牛舌商品化

使用美國牛的牛舌（冷藏）。也會根據店鋪的不同而使用黑毛和牛的牛舌。牛舌根這個柔嫩而富含脂肪的部分作為厚切燒肉，牛舌中這部分作為「特製鹽烤牛舌」，瘦肉逐漸變多的部分則作為「牛舌邊角肉」。不過該店大膽地捨棄偏屬瘦肉的舌尖部分，不作為商品。舌下部分作為下酒小菜加以活用。

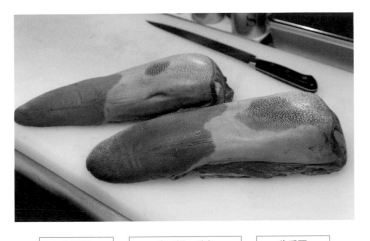

牛舌根	牛舌根～舌中	牛舌下
·極品牛舌	·特製鹽烤牛舌 ·牛舌邊角肉	·下酒小菜

修清牛舌

1

舌下一側朝上擺放，稍微切開牛舌尖，用左手拉起牛舌尖的同時，在皮與肉之間劃入刀子，貼著砧板割下舌皮。

2

側邊的皮也一併割除。連殘餘的皮也全都剝除乾淨。

割下牛舌下

3

切除舌下有粗血管分布其中的部分。將有異味且肉質較硬的舌尖也一併切下。

4

割除位於舌下之下的血管與筋，仔細地修清乾淨。

「牛舌」的商品化技術

神奈川·川崎「大昌園 川崎駅前店」　掌廚／㈱滿福執行董事·林東澈

「大昌園」的牛舌妥善活用食材的優點，以最為挑剔的修整方式讓人得以直接品嚐到牛舌的鮮甜美味。大膽地切除牛舌下，連舌皮邊緣較硬的部分也一併切除。尤其菜單裡盛名在外、屬於「厚切燒肉塊」類別的「極品牛舌」，更是僅選用牛舌根柔嫩處的肉塊，同時為了充分享用會隨咀嚼而充盈口中的那股鮮甜美味，所以不會在供應前事先劃上刀痕。

3

鹽烤燒肉以鹽巴、胡椒、半搗碎的芝麻、大蒜泥、麻油進行調味。大蒜使用與燒肉十分搭配、辛辣味與風味都很不錯的青森產大蒜。

4

加入調味料以後，整體混合均勻。

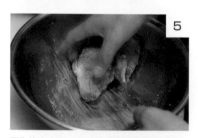

5

因為沒有水分，所以借用調理盆的邊緣進行揉搓，將調味料抓醃入味。牛舌與牛心以鹽巴調味供應。

・特製鹽烤牛舌・

分切上等牛舌

1

將上等牛舌分切成1cm厚的厚切肉片。厚切是為了讓人能享用到表面的焦香與內層的多汁。

劃上刀痕

2

雙面劃上刀痕，這樣在享用到脆彈易咀嚼口感的同時，也能更容易入味。

・極品牛舌・

切出厚切牛舌肉塊

1

切下舌根上面脂肪含量最多且肉質最嫩的100g肉塊。一條牛舌僅可切出一盤分量。這個部分有時也會依照出餐數作為上等牛舌供應。

2

「極品牛舌」僅選用舌根裡面最軟嫩的部分，切成四等分供應。不劃刀痕也不事先調味，直接用食材最原始的口感與味道來決一勝負。

牛舌切片。自照片外側起分別為舌根的特級上等牛舌「極品牛舌」，舌根至舌中的上等牛舌「特製鹽烤牛舌」，以及靠近舌尖的普通牛舌「牛舌邊角肉」。瘦肉偏多的舌尖則是切除。

保存方式

分切好的牛舌依面積大小與脂肪含量進行歸類，縱向排好一整盤的分量。事先做好這道工序，即使是在忙碌的時間段也能隨時端出一盤盤品質均等的肉品。牛舌以外的部位也能比照此方式管理保存。

極品牛舌

2500日圓（未稅）

將舌根脂肪含量最多、肉又最嫩的部位切下來作為「極品牛舌」，商品化為厚切燒肉塊類的菜品。搭配鹽巴與山葵泥一同享用。

特製鹽烤牛舌

1780日圓（未稅）

由於牛舌不易吸附醬汁，所以調配成鹽味。以鹽巴、胡椒、半研磨芝麻碎、大蒜泥、麻油充分做好事先調味。一盤內含四片。

牛舌邊角肉

980日圓（未稅）

由於靠近舌尖，肉質較硬，所以薄切成邊角肉片。若想品嚐醬烤風味，以內臟用的味噌醃肉醬進行事先調味。

嚴選牛舌根

275日圓

舌根切成每片超過25g，作為極品上等部位供應。劃上裝飾性刀痕般的格狀刀痕。如此就能在展現切片之美的同時兼顧食用時的方便性。

大阪・北新地
「立食燒肉 一穗 第二ビル店」
掌廚／店主・岩井亮二

「牛舌」的
商品化技術

以氛圍輕鬆，可單片單點黑毛和牛而廣受歡迎的「立食燒肉 一穗」。可提高單片滿足感的切片技巧十分傑出，各個部位都劃上了細緻的刀痕。舌根部分也在切成厚切肉片以後，劃上細密的格狀刀痕。

切成厚約1cm的肉片後，劃上刀痕。像是剃除海鰻骨頭那樣、處理至只剩一張皮相連般地深深劃入刀子。

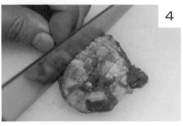

轉個方向，劃入與先前刀痕呈垂直格狀的刀痕。供應的時候略為攤開來以凸顯其厚度。

牛舌的刀工切法

撕除側邊的外皮以後，將筋與脂肪等部分也一併剔除，沿著邊界劃入刀子，把舌下切下來。

縱向分切成兩半。位於牛舌根部、油花分布十分漂亮且肉質最嫩的部位為舌根，該店切成厚切肉片進行供應。

神奈川・橫須賀 「炭火燒タイガー」

掌廚/㈲橫須賀松坂屋 常務董事・松井則昌

「牛後腰脊肉」的商品化技術

明治四十三年創業的肉舖老店所經營的「炭火燒タイガー」為了儘早順應外食需求的變化，在外帶菜單上投注了不少心血。為了迎合希望在家中也能吃到美味燒烤的肉品的需求，不斷追求即便放了一～二小時也依舊美味的肉品切法與燒烤方式。高級部位的後腰脊肉（沙朗）則藉由先涮過高湯再做燒烤的方法，製作出放涼以後也依舊美味的燒肉。

後腰脊肉的加熱方式

1 手工薄切出切面美麗的肉片。讓切面平整的重點在於要一口氣直接切到底。

2 為了享用漂亮的油花與軟嫩肉質，切成每片50g的大片肉。

涮入高湯，防止冷卻後有油脂凝固

3 因為是脂肪偏多的部位，在煎烤之前涮過一遍高湯，可涮去多餘脂肪。使用的是以鰹魚柴魚片與鯖魚柴魚片熬煮出來的高湯。

4 將肉放入熱好的高湯裡快速涮過一次以避免過度加熱。這麼做不僅可以讓肉增添高湯風味，也能防止放涼以後會有油脂在表面凝結。

5 放到塗上牛油的平底鍋上大致煎烤。在平底鍋上攤開來大略炙燒過後，立刻翻面。

炙燒時捲起肉片以鎖住肉的鮮甜美味

6 用夾子夾起一側捲起來炙燒，而後直接以捲起來的狀態盛放到容器裡。雖是薄切肉片卻相當具有分量感，能品嚐到牛肉的濃郁風味。

沙朗牛便當

3500日圓

為因應新冠疫情而產生的高級便當需求，著手研發出了使用沙朗這個高級部位的菜色。奢侈地放進兩片薄切成每片50g的黑毛和牛沙朗肉片，以3500日圓的價格做供應。因為是富含油花的部位，一旦放涼以後油脂就會凝固，所以多加了一個先在熱高湯裡涮掉多餘油脂再做炙燒的步驟。可以沾取燒肉沾醬或風味清爽的醋味醬一同享用。

分割牛腰里脊肉

使用黑毛和牛腰里脊肉。採訪當下為北海道產A5母牛、重約7.5kg的腰里脊肉。當時的腰里脊肉大約落在5～7kg。3～4人團客的預約較多，分切一條腰里脊肉可供應3～4人的分量。分割狀態會依地域之分而有所不同，關東地區的腰里脊肉會緊連一塊後腰脊翼板肉。

菲力頭
· 薄切菲力牛
· 壽喜燒風燒肉

後腰脊翼板肉
· 醬醃燒肉

菲力牛腰肉
· 薄切菲力牛

菲力
· 牛排
· 炙燒生拌
　菲力牛肉

夏多布里昂
· 牛排
· 炙燒生拌菲力牛肉

菲力側肉
· 醬醃燒肉

「極品菲力套餐」內容

1 韓式涼拌菜與泡菜拼盤
2 涮菲力肉片沙拉
3 炙燒生拌菲力牛肉
4 重量級菲力牛排
5 薄切菲力牛（菲力牛腰肉或菲力頭）

6 壽喜燒風菲力頭燒肉
7 與菲力相連的後腰脊翼板肉
8 醬醃菲力側肉
9 邊角菲力牛丼

在烤肉期間用來轉換口味的韓式涼拌菜與泡菜拼盤最先上桌。接著依涮菲力肉片沙拉、炙燒生拌菲力牛肉的順序端出前菜性質的料理，而後進入燒肉菜品。主菜無論怎麼說都是經典的菲力牛排，按照人數供應2～3塊肉，由店員炙烤成不同的熟度。在鹽烤燒肉、醬烤燒肉之後，以牛丼作為收尾。

東京・北砂 「燒肉 スタミナ苑」 掌廚／店長・吳奉柱

「牛腰里脊肉」的商品化技術

在「牛五花肉」的商品化技術中也介紹過的「燒肉 スタミナ苑」，以牛五花、里脊肉、牛舌與外橫膈膜等燒肉的正統菜單，成為備受當地居民一家老少愛戴的燒肉店，但在另一方面也會迎合顧客的喜好，提供因地制宜的客製化套餐組合。僅以牛腰里脊（菲力）部位組合而成的套餐料理便是因此應運而生。著眼於一整條腰里脊肉的細緻肉質差異，製作出豐富多樣的燒肉菜單，博得一眾好評。

分割結束後,仔細地剔除表面的筋與脂肪。因為筋可以做成牛丼,所以多少留一些肉在筋上面。

用於牛排的中央部分特別修整得漂亮一點。

筋與邊角肉用於牛丼

修清時切下來的筋與帶肉脂肪集中放置於調理盆中。之後再做分切,烹調成牛丼。

分割菲力。右側為後腰脊翼板肉。由上到下分別為菲力頭、菲力、菲力側肉。結合肉品各部位的特色分門別類做使用。

因為肉質軟嫩容易分離,所以切的時候要盡量避免把肉扯傷。菲力側肉帶的筋較多,不用於牛排。

切下菲力頭

切除後腰脊翼板肉緊連處下側的菲力頭。菲力頭的肉也很軟嫩,可用於燒肉或壽喜燒等料理。

切除附在腰里脊肉牛頭側的小塊肉。雖是腰里脊肉的一部分,但因切不出完整形狀,所以用來做成涮菲力肉片沙拉等菜品。

腰里脊肉前面較尖的部分就是菲力牛腰肉,在腰里脊肉裡也只能取得一小部分。因為切不出合用的大小,所以厚切為燒烤用肉。

切下後腰脊翼板肉

照片外側連接的是後腰臀側部位。在後腰脊翼板肉與菲力之間下刀。帶有油花的後腰脊翼板肉會作為「緊連菲力的後腰脊翼板肉」搭配成一整組。

後腰脊翼板肉跟菲力之間有個分離交界處,一邊用手提起後腰脊翼板肉,一邊用刀子劃開,就能順利地切下來。

切下後腰脊翼板肉以後,下面與其相連的肉就是被稱為菲力頭的部位。是腰里脊肉裡面最靠近後腰臀的地方,幾乎不含脂肪,瘦肉風味十足。

切下菲力側肉

切下牛腰里脊肉自牛頭側至牛臀側呈細長條狀的側肉部分。在肉的交界處下刀,將肉切下。

重量級菲力牛排

帶有適度脂肪且肉質軟嫩的夏多布里昂拿來做成牛排。3～4人將200g的分量切成三大塊,兩人則為兩大塊,炙烤成不同的熟度品味各有不同的箇中風味。

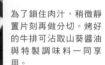

為了鎖住肉汁,稍微靜置片刻再做分切。烤好的牛排可沾取山葵醬油與特製調味料一同享用。

炙燒生拌菲力牛肉

想讓顧客品嚐到不同於燒烤的烹調方式而編入套餐之中。定位為前菜,於套餐前半段供應。早先是用醬汁來調味,後來採納顧客「配鹽巴更對味」的建議,改以鹽巴調味。也因此獲得了更能吃出菲力鮮甜美味的好評價。

夏多布里昂商品化

為菲力之中肉質最上乘的部分,一條腰里脊肉僅能取得少許。特色在於上等油花分布於細膩肉質之中,肉質軟嫩到只用筷子一夾就能夾斷。切成大塊牛排狀。

菲力商品化

雖是切不出夏多布里昂的部分,但肉質也足夠軟嫩。纖維細緻而易於口中散開,所以適合切成大塊牛排或厚切肉片。在套餐裡也會製作成炙燒生拌牛肉。

以二人份100g為基準將菲力的柔嫩部分切塊,放到烤盤上雙面略作炙燒。稍微靜置片刻再切成丁。

鹽巴、胡椒、蔥末、白芝麻、大蒜泥、芝麻油攪拌均勻,放入切好的牛肉丁充分混拌以後,盛放到容器裡。在正中央放上蛋黃。

牛排的熟度

以「重量級菲力牛排」為例，3～4人以上將200g的分量切成三大塊。改變這些肉塊的燒烤
方式，就能享用到肉食愛好者難以抗拒、菲力纖細風味的別樣樂趣。基於「具有厚度的肉更
易鑑別箇中滋味」，仔細地炙烤厚度講究的牛排肉。牛肉在燒烤前要先恢復至室溫。

居中三分熟【小火→中火】	慢火五分熟【小火→小火】	超一分熟【大火】

超一分熟與慢火五分熟中間的熟度。先用外
側的小火開始烤。

這是用小火溫和加熱的燒烤方式。將烤爐轉
為低溫狀態。

為了將表面烤得焦香，使用烤網裡的高溫區
域進行炙烤。

用小火來回翻烤，快烤好的時候提升至中
火，烤出焦香表皮。

用火力較弱的爐火外側進行燒烤。維持表面
印上淺淺網痕的狀態。

在中央略外緣的高溫處來回翻面燒烤，避免
烤焦。

由上至下分別是超一分熟、慢火五分熟、居
中三分熟。烤法的不同也會左右肉的鮮美程
度。

用小火慢慢炙烤，逐漸提高牛排中心的熟
度。

烤到表面焦香就算是烤好了。4cm的厚度約
耗時5分30秒。

烤個10分鐘左右，讓肉在烤網上面靜置片
刻以後分切。

靜置片刻讓餘熱繼續加溫，靜待之後再做分
切。

・壽喜燒風菲力頭燒肉・

1

使用肉味濃郁的菲力頭。將修清處理好的菲力頭切成大片的薄切肉片。

2

將倒入調味醬汁、放入蔬菜，並事先於廚房煮開的小鍋子放到火爐之上。

3

由店員協助燒烤。將肉片放入煮滾的調味醬汁裡面，快速涮過一下。

4

立刻放到烤網上面，稍微雙面炙烤，再次放回調味醬汁裡面。

5

將蔬菜連同調味醬汁一起盛放到肉上面，放上蛋黃提供給顧客。

3

調理盆中放入鹽巴、麻油、白芝麻、鮮味調味粉、大蒜泥混合均勻，製作成鹽醃調味料。

4

放入切好的牛肉片，抹上鹽醃調味料。要是用力抓醃會導致肉片破碎，所以要以輕輕摩娑肉片表面的方式讓味道入味。

菲力頭商品化

牛腰里脊肉中最接近後腰臀的部分。肉質有別於中央部分，幾乎不含油花。除了充分發揮瘦肉鮮甜美味的鹽烤燒肉之外，也用於壽喜燒。

・薄切菲力頭・

1

仔細去除殘留於表面的筋之後再做分切。

2

善用切面形狀切成薄切肉。切面不大的時候要多留一些厚度，提高一口吃下的滿足感。

薄切菲力牛（菲力頭）

用風味清爽的鹽巴搭配這個幾乎不含油花的部位，以便享用瘦肉的鮮甜美味。因為肉的纖維細緻容易撕裂開來，所以讓鹽醃調味料入味時要特別小心以避免肉片破碎。

壽喜燒風菲力頭燒肉

切好的菲力頭肉片與泡過水的洋蔥絲、茼蒿、壽司飯、蛋黃。將調味醬汁倒入小鍋子裡，放入洋蔥絲與茼蒿煮滾後，放入牛肉。

調味醬汁

醬油…100cc	酒…100cc
味醂…100cc	砂糖…30g

菲力牛腰肉商品化

牛腰里脊肉靠近牛頭側的部分，僅能取得少量。肉質非常柔嫩，薄切的時候幾乎都不怎麼需要咀嚼。顧客享用時也忍不住為之驚艷。

・薄切菲力牛腰肉・

牛排切剩之後的菲力牛腰肉部分切成薄片。因為是肉質柔嫩的部分，所以薄切的厚度比里脊肉還要厚上一些。

菲力牛腰肉的薄切肉片。不做調味直接炙烤，沾取鹽巴或山葵泥等調味料享用。

薄切菲力牛
（菲力牛腰肉）

因為肉質細緻所以容易在口中散開，所以雖然是薄切肉但還是切成稍微具有厚度。不事先調味，沾取鹽巴或山葵泥來享用。

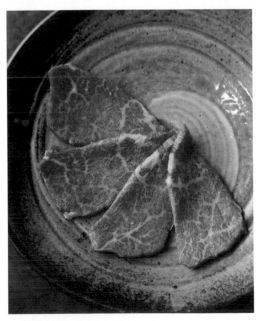

後腰脊翼板肉

緊連牛腰里脊肉周邊的部位，富含油花而肉質軟嫩。通常歸入牛五花肉進行商品化。因為肉質嫩到似乎能入口即化，所以把肉片切得厚實一點。

菲力側肉商品化

牛腰里脊肉中頗具嚼勁的部分。多少含有筋在裡頭，肉味十分濃郁，切成厚切燒肉以充分享用從中流淌而出的肉汁與醬香美味。

・後腰脊翼板肉・

1

善用後腰脊翼板肉的形狀切片，在肉的纖維紋理發生變化之處下刀。

2

為了讓顧客在牛腰里脊肉套餐中享用到與菲力不同的肉質口感與鮮甜脂肪，切成略有厚度的燒肉片。在能切斷肉纖維的方向下刀。

3

後腰脊翼板肉切片。如果切成薄切肉片會讓吃起來的口感變得鬆散，所以要切成厚切肉片。

事先調味

5

醃肉醬裡加入麻油、芝麻、苦椒醬、大蒜泥、黑胡椒。

6

確實混合均勻即調製完成，放入切好的肉片。

7

充分抓醃後靜置片刻，使其充分醃漬入味。

菲力側肉切片

1

用刀子割除菲力側肉周邊的筋，仔細剔除乾淨。這些筋可以用來做成牛丼。

2

由於其外形呈細長條狀，沒辦法切出大片肉，所以斜切成有厚度的肉片。因為多少有筋分布於肉中，要逆著肉的纖維紋路下刀。

3

接著劃上等寬刀痕。牛腰里脊肉裡面只有菲力側肉需要劃上刀痕。

4

將這個越嚼越有味道的部位切成厚切肉片。

沾醬

醬烤燒肉備有沾醬與大蒜泥。炙烤後的醬香風味與大蒜十分對味，可以放到燒肉上面一同享用。

醬醃菲力側肉

基於想讓顧客品嚐下町燒肉獨有的美味而將醬烤燒肉排入套餐的後半段菜單。使用帶有咬勁的菲力側肉，切成厚切肉片並充分割上刀痕。醬汁會滲進切口之中，於炙烤之際醬香四溢，不論下酒或下飯都很對味。

與菲力相連的後腰脊翼板肉

為了讓顧客能在牛腰里脊肉的套餐裡接連享用到牛瘦肉的上等美味，將位於牛腰里脊肉相鄰位置的後腰脊翼板肉也納入其中，品嚐該部位油花的甘甜滋味。風味清爽的瘦肉令濃醇脂肪的鮮甜更顯突出，讓整個套餐的餐點變化產生節奏起伏。充分抓醃醬汁以後再盛裝入盤。

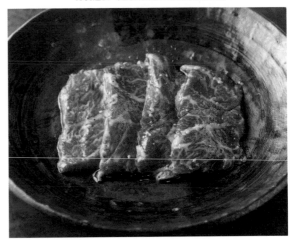

用邊角肉製作單品餐點

邊角菲力牛丼

使用修清牛腰里脊肉期間切下的筋與邊角肉製作成牛丼。為了更易於食用，要先將筋切斷再做分切。先煮洋蔥絲再放牛肉，讓味道入味。在醬汁裡添加牛骨高湯以烹煮出富含深度的鮮甜美味。

涮菲力肉片沙拉

將分切牛腰里脊肉時切下的小塊涮過一遍。因為要涮入熱湯，所以修清的時候要多少留些脂肪，避免肉片顯得乾柴。薄切以後割上刀痕，快速涮過熱湯，放涼以後放到奶油萵苣、泡過水的洋蔥絲搭配而成的沙拉上面。淋上蘿蔔泥橙醋。

醬汁（比例）

醬油…3
味醂…2
酒…2
砂糖…1
薑泥…適量
牛骨高湯…適量

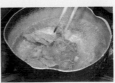

沿著分離之處下刀，將心邊切離。一顆豬心僅能切出一個豬心排。

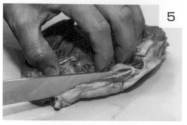

將外形修整成肉排狀。切開的內側為背面，外側為正面。從背面開始修清。白色部分為脂肪，連脂肪周圍的筋也一併切除。

分布其中的筋也切除，使口感更佳

裡面有條很硬的筋，所以要剔除乾淨。用刀子刺入連著肉的筋之中，仔細地將其割除。

同樣剔除表面的筋與血塊，割去周邊肉較硬處的同時修整形狀。修清處理好以後再次用水沖洗，除去殘留的血與髒污。

東京・澀谷
「燒肉 ホルモン 新井屋」
掌廚／㈱新井屋執行董事・新井英樹

「豬心」的商品化技術

豬心的味道比牛心更顯清淡，較無異味且易於入口，所以「新井屋」將整顆豬心拿來作為豬心排。重點在於要完全剔除會影響口感的筋等部分，雙面確實劃上刀痕。沾取香草奶油醬享用的吃法也十分新穎。

修清豬心

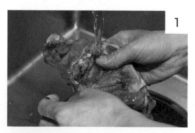

進貨時雖已是修清好的狀態，但有時仍會有血塊殘留其中，所以要用清水沖洗，仔細地清除乾淨。

將一側肉較薄之處（稱心邊）斜切下來。心邊去筋修清處理好以後，可用來燉煮成單道料理。

另一面的心邊也同樣切下。從肉的分離之處下刀。

「內臟」的商品化技術

正如內臟燒烤店與燒肉居酒屋人氣始終居高不下，內臟與酒是極為對味的拍檔。使用內臟肉的燒烤菜品於焉成了提高顧客點酒率的重點所在。在使用新鮮內臟肉的基礎上，仔細修清除去異味，並開發出更好下酒的醬汁，希望能以此增加更多的內臟愛好者。

燒烤方式

豬心排由店員燒烤。從正面開始燒烤。放到烤網中央，炙烤一陣子直至表面金黃焦香。

烤至金黃焦香後翻面，炙烤背面。燒烤期間，根據燒烤狀況將盛有香草奶油的醬料鍋放到烤網上開始熱醬。

待雙面都烤得金黃香脆以後，以料理剪刀剪成易於食用的肉條狀。切面也炙烤至金黃上色。

烤到喜歡的熟度後，沾取融化的香草奶油享用。

・豬心排・

劃上細密刀痕以利烤熟

正面劃上刀痕。以2～3mm的間距劃入略深的刀痕。調轉方向再次下刀形成格狀刀痕。

背面也同樣劃入刀痕。此面僅劃上縱向刀痕，避免豬心在炙烤時變得支離破碎。

使用與香草奶油最搭的橄欖油

事先調味使用不會影響香草奶油香氣的橄欖油。加上鹽巴、黑胡椒、大蒜泥。

豬心放入橄欖油、鹽巴、黑胡椒、大蒜泥之中，整體均勻塗覆充分醃漬入味。因為肉較厚實，所以背面也要同樣塗覆醃漬。

豬心排

活用豬心脂肪少而味清淡的特色，以香草奶油添加享用時的濃醇風味與幾分溼潤口感。使用的是豬心裡面肉最厚實的部分，為了更容易沾附奶油而在正面劃上細密格狀刀痕，背面亦是劃上縱向刀痕。為「新井屋」自開幕起就十分受歡迎的一道菜品，一天供應十人份。

·「帶脂牛心」切片·

1

先切出「帶脂牛心」。從分切好的大塊牛心上面切下所需切片大小的帶脂部分。預估該留下多少脂肪,調整脂肪厚度。

2

切成具有一定厚度的薄切肉片,以此保有享用爽脆口感的樂趣。

·「蔥香牛心」切片·

斜切以調整切片大小

1

將切下「帶脂牛心」以後剩餘的部分切成「蔥香牛心」。斜躺刀身在肉塊上斜向下刀,將肉片切得大片一點。

2

一個牛心切塊可切出來的帶脂與無脂牛心切片。

分切牛心

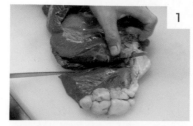

1

牛心內側朝上進行分切。首先切去兩端無法切出完整形狀的部分。

2

分切的同時,割除自切口處與筋相連的部分還有薄膜。

3

縱向分切成3~4大塊。切塊之後再來進行雙面修清。

切塊之後進行修清處理

4

割除正面的薄膜,剔除背面的筋與脂肪。尤其是背面凹凸不平的部分,更要割下稍厚的一層,切出漂亮的切面。

神奈川・川崎
「**大昌園 川崎駅前店**」
掌廚╱㈱滿福執行董事・林東澈

「牛心」的
商品化技術

較無腥味的牛心在內臟肉中也算得上是個十分受歡迎的部位。「大昌園」提供帶有脂肪的「帶脂牛心」與附上大量蔥花的「蔥香牛心」。由於脂肪的餘留方式會左右油膩程度,所以要在分切的時候設想好每片肉的分量,確實控制好脂肪的殘留量。

初步分切好的牛心

心臟是個形狀完整的部位,所以也容易切塊。先切去兩端,再根據牛心的大小將中央區塊分切成3~4大塊。分切之後再進行修清處理。

帶脂牛心

800日圓（未稅）

善用牛心獨有的清爽風味，在切片時留下適量脂肪。適合以鹽巴調味，把切好的牛心與鹽巴、胡椒、半研磨芝麻碎、大蒜泥、麻油混拌均勻，將調味料抓醃入味。

蔥香牛心

800日圓（未稅）

與「帶脂牛心」一樣以鹽醃調味料進行調味，帶出牛心的清淡風味與醇郁。另外附上切好的蔥白與蔥綠蔥花，放到烤好的牛心上面享用。鮮蔥的味道十分提味，是道相當受歡迎的下酒菜。

「牛瘤胃三明治」的商品化技術

牛瘤胃（第一個胃）中含有脂肪的上等部分。能享用到牛瘤胃獨有的脆彈口感與脂肪的甘甜美味。因能取得的數量不多而具高稀有度。

切成能享用到脂肪鮮甜美味的條狀

採購已修整成約300g的塊狀。表面有時會有毛殘留，所以要用布巾仔細去除乾淨。

切除滲血的部分。有血水殘留會影響整體風味與外表美觀，故而要將其剔除乾淨。

裡頭帶有脂肪。傾斜刀身斜向下刀分切，好讓此處的脂肪看上去更顯美麗。

基本上會使用鹽巴調味。以鹽巴、黑胡椒、麻油、大蒜泥進行抓醃，使其確實醃漬入味。盛放到容器裡，最後撒上白芝麻做點綴。

牛瘤胃三明治

內臟中較無異味的牛瘤胃是個十分受歡迎的部位。其中尤以能享用到脂肪甘甜與脆彈口感的牛瘤胃三明治更深受顧客好評。可依照個人喜好選用鹽味或味噌醃肉醬調味。店家大多較推薦以鹽味調味。

劃好刀痕以後切成兩半。

該店使用剝去外皮的白牛肚條。快速用水沖洗一遍，確認沒有髒污殘留。

> 深深劃上刀痕使其更易於咀嚼

在牛肚條的正面斜向劃上刀痕。刀痕要夠深又不至於會把牛肚條切斷。

調理盆裡放入味噌醃肉醬，添加大蒜泥、麻油調和味道，放入切好的牛肚條與醬汁一同抓醃均勻，讓醬汁也充分滲入刀痕切口處。

東京・澀谷
「燒肉 ホルモン 新井屋」
掌廚／㈱新井屋執行董事・新井英樹

「牛肚條」的商品化技術

牛肚條是牛蜂巢胃與牛重瓣胃相連的部分，一頭牛僅能取得極少的量。有帶皮的黑牛肚條與剝皮的白牛肚條之分。魅力在於獨特口感。

牛肚條

屬於十分稀少的部位，作為推薦菜品供應。該店採購已剝去黑皮，呈雪白狀態的牛肚條。魅力在於鮑魚般的脆彈口感與內側脂肪的些許甘甜，其特殊味道更使其成為一道深獲牛內臟愛好者喜愛的老饕菜品。

1

確認皺褶之間與表面沒有髒污，仔細用流水沖洗，除去水分。

2

在皺褶之間下刀，切成皺褶底部寬度為3～4cm的段狀。

東京・澀谷
「燒肉 ホルモン 新井屋」
掌廚／㈱新井屋執行董事・新井英樹

「牛重瓣胃」的 商品化技術

牛的第三個胃。雖有著皺褶層層重疊的獨特外表，但卻沒什麼特殊味道，還有種爽脆嚼感。汆燙牛重瓣胃也很受歡迎。

視底部寬度協調性切去皺褶

3

切去多餘的皺褶。將已切成段狀的牛重瓣胃皺褶向兩側疊合攤開，在兩側向外約1cm的地方下刀。

4

將皺褶疊合於底部以便於割上刀痕。刀痕要夠深又不至於會把牛重瓣胃切斷。

將切好的牛重瓣胃放入調理盆中，加入鹽巴、黑胡椒、大蒜泥、麻油，充分抓醃入味。

牛重瓣胃

為了能充分享用到皺褶的爽脆口感，在牛重瓣胃底部精準劃上刀痕，使其更容易咬斷。以白色底部正面向外擺放的個性化擺盤提供。可以鹽巴或味噌調味。照片為鹽味。

用刀背刮除腸皮上的黏液。

在腸皮上面縱向劃上細密的刀痕，使其更容易咬斷。刀痕要夠深又不至於會把腸皮切斷，再切成易於食用的一口大小。每個切片約17g。

雖應盡量避免泡水為宜，不過有時會有污垢殘留，所以要用水快速沖洗除去髒污。

> 劃上深深的刀痕使其更方便咬斷

切除超出腸皮的多餘脂肪。

東京・澀谷
「燒肉 ホルモン 新井屋」
掌廚／㈱新井屋執行董事・新井英樹

「牛大腸」的
商品化技術

牛的大腸，是個能品嚐到個性化柔嫩口感與彈嫩脂肪甜味的部位。因為不易咬斷所以必須劃上刀痕。

用足量的味噌醃肉醬抓醃，最後再撒上白芝麻。

牛大腸

該店引以為傲在菜單標註「本店推薦」的一道菜品。使用自精於事先處理的業者處採購的優質牛大腸，其新鮮度自不必說，甚至譽有「可以不必再沖洗」的美名。沒什麼特殊味道且易於食用的切片大小吸引不少女性顧客點餐。其濃郁的味噌醬香十分下酒。

・「牛內臟」切片・

1

在不帶脂肪的牛大腸內側劃上刀痕。因為腸皮很薄,所以在縱向劃上細密刀痕的時候,要小心不要整個切斷。

2

由於這是個會受熱收縮的部位,所以切成一盤100g 有5～6片的大塊切片。

・調味・

1

「超級牛內臟」與「牛內臟」都推薦以味噌調味。牛大腸置於調味盆中,加進醬油調味醬、半研磨白芝麻碎、大蒜泥與味噌醃肉醬。

2

和醬料一起充分抓醃,加入麻油整體抓拌均勻。因為油和水並不相融,所以採取先確實拌入醃肉醬,隨後再加入麻油裹覆於外的方式來處理。

・「超級牛內臟」切片・

> 除去多餘脂肪

1

過多的脂肪吃起來會顯得油膩,所以要調整脂肪含量。脂肪一側朝上,用刀子割去一層。

> 切除超出腸皮的脂肪

2

翻到背面,同樣切除超出腸皮兩側的脂肪。這樣能將大腸切得更顯好看。

> 劃上刀痕

3

先從脂肪一側劃上刀痕。留意不要切到腸皮,下刀至脂肪與腸皮的交界處即可。

4

脂肪一側劃好刀痕後,在腸皮部分也劃上刀痕。以5片100g為基準進行分切。切成大塊的切片來享受脂肪充盈口中的甘甜美味。

神奈川・川崎
「大昌園 川崎駅前店」
掌廚／㈱滿福執行董事・林東澈

「牛大腸」的
商品化技術

冠上牛內臟菜品名稱的牛大腸分爲兩種。採購帶脂與除去脂肪的牛大腸,各自對應商品化爲「超級牛內臟」與「牛內臟」。帶脂牛大腸也要切除多餘的脂肪,避免脂肪含量過多而顯得油膩。劃上刀痕,在食用方便性方面也不忘下工夫。

帶脂牛大腸

使用黑毛和牛身上脂肪味美甘甜的牛大腸。採購回來已是修清處理乾淨的狀態,店內只需處理到以冷水除去黏液的程度即可。

去脂牛大腸

採購已處於除去脂肪狀態的牛大腸。同樣來自黑毛和牛。基於「能享受到品嚐內臟口感樂趣」的想法,切成能大口塞滿嘴裡的切片大小。

超級牛內臟

950日圓（未稅）

對喜歡內臟彈嫩脂肪甘甜美味的
人而言著實難以抗拒的一道菜
品。將牛大腸切得大塊一點，好
讓脂肪的鮮甜能充盈口中，也能
令口感更添充實。

牛內臟

900日圓（未稅）

兼具滑嫩口感與脂肪的少許甘
甜。裹上甜辣味噌醃肉醬提供。
炙烤時散發出來的醬香亦是一大
魅力。

雙面劃上刀痕

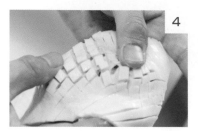

3

翻面之後，在上面斜向劃上刀痕。垂直先前的刀痕接著下刀以劃出格狀刀痕。

4

在雙面劃上不同方向的刀痕，就可以切出不會支離破碎又容易咬斷的牛脆管切片。稍微拉開就能清楚看見切口的狀況。

1

切除過硬的部分與薄膜，修清處理乾淨，再分切成易於保存的大小。為了切出大小一致的切片，切去牛脆管外緣，修整成漂亮的長方形。

2

單面以4～5mm的間距縱向劃上刀痕。刀痕深度為牛脆管厚度的三分之二。

神奈川・川崎
「大昌園 川崎駅前店」
掌廚／㈱滿福執行董事・林東澈

「牛脆管」的
商品化技術

為連接心臟的大動脈，又被稱為牛心管。風味清爽，既無特殊味道也無腥羶味，是個能充分享用脆彈口感的部位。「大昌園」會在上面細細劃上格狀刀痕，使其更容易咬斷。撒上辣味鮮明的一味辣椒粉，以容易令人吃上癮的辣味來提高本身魅力。

黃金牛脆管　　800日圓（未稅）

撒上以麻辣聞名的京都「黃金一味辣椒粉」。提到一味辣椒粉大多會聯想到紅色，這種色澤金黃的一味辣椒粉著實令顧客感到吃驚。充滿衝擊性的辣味會在咀嚼牛脆管的同時隨之擴散開來。

翻面將外側部分朝上，接著劃上刀痕。斜向刀痕會把整個牛動脈切斷，所以要劃上縱向刀痕。

切成易於食用的大小。直接分切吃起來口感會太硬，但只要劃上刀痕就能享受到清脆彈牙的嚼感。

動脈內側部分朝上攤開，儘可能斜向劃上細密刀痕。

細密的刀痕使其更易於咀嚼

接著反向劃上與先前刀痕形成格狀的刀痕。因為這是個較硬的部位，處理重點在於要盡量劃上細密刀痕。

大阪・北新地
「立食燒肉 一穗 第二ビル店」
掌廚／店主・岩井亮二

「牛動脈」的商品化技術

牛動脈跟牛脆管一樣都是牛的大動脈。除了上等黑毛和牛肉之外，同樣也能單片點購內臟肉的「一穗」燒肉店，以50日圓（未稅）的超低價格提供牛動脈。即便是這種較少見的部位也能隨興點購的做法，吸引不少原本對內臟敬謝不敏的客群。充分展現單一切片獨有的漂亮刀工技巧。

牛動脈　　　　　　　　55日圓

雙面劃上不同方向的刀痕，可使其在炙烤時不會變得支離破碎的同時又營造出極佳的口感。該店除了燒肉沾醬之外，還可以從提供的柚子胡椒、薑泥、山葵泥等十三種調味佐料中，免費選擇三樣來佐搭享用。其豐富而多樣化的調味搭配深受好評。

豬頰肉的刀工處理

1

將邊緣修整成圓弧狀的豬頰肉整塊拿來作為烤肉排供應。在雙面劃上深深的刀痕。

2

單面劃好刀痕以後翻面，同樣劃上刀痕。在豬頰肉上面劃上一致方向的斜向細密刀痕。刀痕深度以豬頰肉一半厚度為基準。

・調味・

1

豬頰肉置於調味盆中，加入鹽巴、黑胡椒、大蒜泥、麻油混合均勻。

2

調味料整體塗覆均勻，讓刀痕切口之間也能充分醃漬入味。

分割豬頭肉

進貨當下為豬太陽穴與豬頰肉相連的狀態。雖已經由業者修清處理乾淨，但店內仍會再用流水沖洗掉表面的黏液與汙垢。

2

照片外側為豬太陽穴，內側為豬頰肉。除去水分後，用刀子切開二者之間的薄膜。

3

修清處理豬頰肉。用左手拉起表面薄膜的同時，用刀子劃進肉與薄膜之間，將薄膜割除。

4

除去表面的薄膜之後，接著切除周邊摸起來粗糙不平的部分，再次用水沖洗掉殘留的血漬等髒污。

東京・澀谷
「燒肉 ホルモン 新井屋」
掌廚／㈱新井屋執行董事・新井英樹

「豬頭肉」的
商品化技術

是個膠質豐富且越嚼肉汁越多的部位，可以分切出豬太陽穴與豬頰肉。豬頰肉以整塊肉排與薄切肉片的形式供應，豬太陽穴則用於燉煮料理。

豬頰排

活用豬頰肉滾圓外形的燒肉菜品。直接燒烤整塊豬頰肉，表面烤熟後再用料理剪刀剪開，炙烤至個人喜好的熟度來享用。因為是個很有嚼勁的部位，所以在雙面劃上細密刀痕，使其更容易咬斷，也利於將麻油、鹽巴、黑胡椒、大蒜塗覆到刀痕切口裡。如此一來就能將切口處烤得酥脆，成為一道出色的下酒菜。佐搭風味清爽的蘿蔔泥橙醋。豬頰肉也會薄切作為「豬頭肉」商品化。

口頭向顧客說明等豬頰肉雙面都烤到金黃酥香以後，再用料理剪刀剪開來烤著吃。

CHAPTER 2

燒肉菜單

コグマ牛五花肉

500日圓（未稅）

這間在令人懷疑是否時光倒流回到昭和的懷舊環境中，營造出熱鬧氛圍的燒肉店，以成吉思汗烤肉和內臟肉尤受歡迎。應顧客想吃精肉的訴求而引進的牛五花肉不搭配燒肉沾醬，而是附上鮮蔥橙醋，讓肉吃起來更顯清爽。用復古的不鏽鋼餐盤提供。

東京·池袋　大衆燒肉　コグマヤ　池袋店

DATA		
部　位	牛腹	
品　種	美國牛	
分　量	60g	

ときわ亭牛五花肉

869日圓

來自一家檸檬沙瓦廣受歡迎的燒肉居酒屋的牛五花肉。自牛腹肉塊切出來的牛五花肉片，因價格實惠與油脂鮮甜多汁而特別受到歡迎。將切得略厚的肉片充分沾覆上略帶甜味的醃肉醬以後再做供應。撒上白芝麻與蔥花更添風味。　東京·澀谷　0秒レモンサワー®　ホルモン燒肉酒場　ときわ亭　渋谷店

DATA	
部　位	牛肩胛小排
品　種	進口牛

牛五花肉

能最大限度展現肉質之鮮美、脂肪之甘甜、醬香之甘醇這些燒肉魅力的肉品非牛五花肉莫單莫屬。不單囊括油脂四溢的牛腹肉，就連富含油花的高級牛里脊肉部位也不容割捨。

全條龍紋牛五花肉

418日圓

引進深受小朋友喜愛的「迴轉燒肉」，獲得來自家庭客群與年輕族群的壓倒性支持。現下以吃到飽為主，「全條龍紋牛五花肉」可透過「滿足套餐」（3278日圓）點餐。肉質較硬的牛前胸肉上面要確實劃上刀痕，以分量感十足的整條肉進行提供。

靜岡・袋井　レーン燒肉　火の国　袋井店

DATA	
部　位	牛前胸
品　種	進口牛
分　量	100g

日本國產牛五花肉

418日圓

以破格價格供應自日本國產牛腹部區塊切下來的單點牛五花肉。這是經由總店統一採購全牛方能實現的實惠價位。成本率逾80%。可透過選購吃到飽菜單中的「飽足套餐」（4048日圓）、「暢饗套餐」（4928日圓）來點餐。牛五花肉先會沾覆過醃肉醬，以最下飯的醬香風味做供應。

靜岡・袋井　レーン燒肉　火の国　袋井店

DATA	
部　位	牛胸腹、牛前胸、牛後腰脊翼板肉
品　種	日本國產牛
分　量	90g

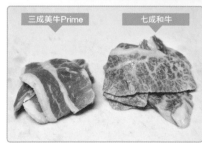

三成美牛Prime　七成和牛

為了與上等牛五花肉有所區別，「牛五花肉」由和牛與美牛胸腹肉所組成。二者之間的比例為和牛七成、美牛三成，原因在於這樣的比例能起到平衡和牛豐富脂肪的作用。

上：牛五花肉

869日圓

創業66年燒肉老店裡的牛五花肉簡單分成了「牛五花肉」與「上等牛五花肉」兩種。至於標準與上等這兩種簡潔明瞭的等級劃分則是出於方便各年齡層點購的考量。價格親民的一盤「上等牛五花肉」由和牛腹部與美國牛胸腹部所組成，以此降低脂肪的油膩程度。

DATA	
部　位	牛胸腹
品　種	黑毛和牛、美國牛Prime
分　量	100g

下：上等牛五花肉

1408日圓

上等牛五花肉使用的是以仙台牛為主的A5等級黑毛和牛肉。除了照片中的肩胛小排之外，還可品嚐到腹肋肉、腹脇肉、後腰脊翼板肉等上等部位脂肪的甘甜與醇郁。牛五花肉基本上會搭配醃肉醬，該店會以添加了麻油、芝麻、蔥花的精肉用醃肉醬充分抓醃。

群馬・藤岡市　燒肉飯店　万福苑

DATA	
部　位	牛肩胛小排
品　種	黑毛和牛A5（仙台牛）
分　量	100g

醬醃上等牛五花肉

1650日圓（未稅）

標榜「王道燒肉店」，以能確保王道燒肉的技術及食材高品質的牛五花肉、牛里脊肉、牛舌獲得相當高的人氣。選用從值得信賴的業者手上採購的優質A4・A5等級黑毛和牛肉。上等牛五花肉使用的是牛肋脊的肋脊皮蓋肉與肋眼上蓋肉。每片肉切成方正整齊，充分沾覆醬汁再做供應。

東京・用賀　燒肉　星山

DATA	
部　位	牛肋脊
品　種	黑毛和牛A4・A5
分　量	100g

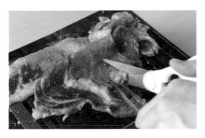

大片牛五花肉

1518日圓

大到能覆蓋整個爐面的牛五花肉是切成每片200g的一大片牛肋脊肉。超大分量帶來的視覺衝擊備受年輕族群青睞。由於進貨之際已是分切好的狀態，所以可以大幅節省端菜上桌的時間，也能減少肉品的損耗。雙面大略炙烤以後，用料理剪刀剪開，炙烤至個人喜好的熟度來享用。

愛知・名古屋　燒肉牛緣　本店

DATA	
部　位	牛肋脊
品　種	和牛、日本國產牛、進口牛
分　量	200g

考慮到食用上的方便性，從肉塊的兩端開始下刀分切，以切斷牛肉纖維紋理的方式進行分切。藉由這項工序，讓口感吃起來更顯柔嫩。

和牛五花肉

1540日圓

DATA	
部　位	牛腹脇肉、牛腹肋肉、牛肩腹肉、牛胸腹肉
品　種	黑毛和牛A5

「燒肉 平城苑」採用買回整頭黑毛和牛於自家肉品中心進行分割的做法，商品化效率十足。牛五花肉使用的是從牛腹分割出來的部位。脂肪的厚度會以「ten millimeter under」為基準，調整留在肉上面的脂肪厚度。也會進一步剔除多餘脂肪，將肉修整成不會令人感到油膩的牛五花肉。放入添加蔬果的蔬果風味醃肉醬中，調味成醬醃燒肉。

東京・錦糸町　東京燒肉平城苑　錦糸町駅前プラザビル店

放入生拌牛肉的迷你平底鍋放到烤爐上面加熱，待其咕嘟冒泡之後，將蛋黃拌入牛肉之中，再加熱至喜愛的熟度。從烤爐上取下來以避免加熱過度。

炙烤和牛五花生拌牛肉

1188日圓

把切成細條狀的牛肉盛入迷你平底鍋中，放到烤爐上面加熱，再拌入蛋黃一同享用的牛五花肉。這道料理能享受不同於以烤網炙烤燒肉的樂趣，吸引想嚐點不同美味的顧客點來享用。生拌牛肉醬汁的香甜、牛肉的鮮甜、蛋黃的濃醇所形成的濃郁美味更是極具魅力。

東京・錦糸町　東京燒肉平城苑　錦糸町駅前プラザビル店

※部分店鋪不供應此道菜品。

DATA	
部　位	牛肩腹
品　種	黑毛和牛A5
分　量	60g

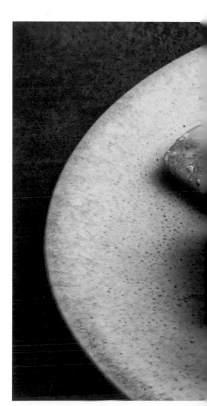

上等和牛五花肉

2530日圓

此為使用肋眼上蓋肉等高級部位的「平城苑」相當具代表性的牛五花肉。配合油花分布與優質肉質等食材，於自家公司進行濕式熟成，進一步大幅提升牛肉的鮮甜美味。除了醬汁之外，也很推薦能直接細品牛肉本身風味的鹽巴調味。

東京・錦糸町　東京燒肉平城苑　錦糸町駅前プラザビル店

DATA	
部　位	牛後腰脊肉、牛肋脊肉、牛下肩胛肋眼心
品　種	黑毛和牛A4・A5

鹽烤上等牛五花肉

1400日圓（未稅）

上等牛五花肉在以霜降牛肉為主打招牌的該店中同樣人氣居高不下。將富含油花的牛肋眼上蓋肉切成厚切肉片供應。由於油花含量較多，所以附上醬油基底的山葵泥沾醬與辣根泥，讓肉吃起來更顯清爽。每片肉切成20g，4片為一人份。可用每片350日圓的價格加點。

東京·神田　燒肉　金山商店　神田本店

DATA	
部　位	牛肋眼上蓋肉
品　種	黑毛和牛A5
分　量	80g

能嚐到與牛五花肉的甘甜脂肪形成對比的瘦肉清爽可口滋味正是牛里脊肉的魅力所在之處。使用精選優質部位，即使是瘦肉也能展現出漂亮的油花。在此爲您介紹蔬菜肉捲與充滿玩心的牛里脊肉菜品。

史上最讚的牛里脊肉

2750日圓

即使是後腰脊肉這個高級部位，也只選用其中肉質最佳的部分，所以才為其冠上「史上最讚」之名。將足以帶起顧客歡呼聲的霜降牛肉，切成更顯油花之美的正方形，擺放到竹籠之上，營造出獨特的氛圍感。切成厚片以充分享用牛肉的鮮甜美味。

千葉・船橋市　肉の匠　将泰庵　船橋総本店

DATA	
部　位	牛後腰脊肉
品　種	黑毛和牛A4・A5

八合目牛里脊

1628日圓

使用菜單中列為「稀有部位」介紹的牛後腿股蓋肉與牛內腿肉。雖然此處的牛里脊肉是由稀有部位中規格不一致的部分商品化而來，但可藉由將形狀切得整齊來提高商品價值。菜品名稱取自富士山，上等牛里脊為「八合目」，普通牛里脊為「五合目」。照片為鹽味「八合目牛里脊」，亦可選搭醃肉醬調味。

東京・澀谷　燒肉　富士門

DATA	
部　位	牛後腿股蓋肉、牛內腿肉
品　種	黑毛和牛A5
分　量	80g

牛里脊肉

1078日圓

這是一間正如其店名「燒肉酒場」，供顧客邊以桌上的日式炭火爐烤肉邊飲酒，酒館氣氛放鬆愜意的人氣燒肉店。該店不僅空間氛圍營造很有一套，還獨自採購新鮮內臟與九州產和牛瘦肉部位，花費一番工夫仔細做好事先處理，竭力提供美味燒肉。牛里脊肉使用牛後腿股肉的外後腿股肉等部位。由於里脊肉一旦烤過頭肉質就會變硬，所以會由店員先炙烤一片，示範牛里脊肉的燒烤方式。　　　東京・立川市　燒肉酒場　すみびや

DATA	
部　位	牛外後腿股肉等部位
品　種	和牛
分　量	100g

立川燒肉

2079日圓

將這道肉品定位為特級牛里脊肉，使用在牛後腿股肉中同樣肉質極佳的下後腰脊角尖肉與後腿股肉心等部位。薄切之後以醃肉醬調味，附上蛋黃供應。迅速炙烤過後，沾裹蛋黃來享用。該店將此道菜品冠上地名，以此和其他燒肉菜品做出區別，並作為店內知名菜品提供。

東京・立川市　燒肉酒場　すみびや

DATA	
部　位	牛後腿心、牛後腿股肉心、牛下後腰脊角尖肉等部位
品　種	和牛
分　量	100g

3姊妹燒肉

980日圓

將牛肋脊肉切成視覺魄力十足的大片肉。以兩片一人份，共計130g的大分量進行提供。在烤網上面大大地攤開來，如壽喜燒烤肉一般，於雙面炙烤後沾取加了蛋黃的沾醬來享用。這樣的吃法博得不少好評而獲得足以自豪的高回頭率。使用瘦肉與油花比例均衡的雜交牛。

兵庫·神戶　やきにく3姊妹

DATA	
部　位	牛肋脊肉
品　種	雜交牛
分　量	130g

特選牛里脊肉

1540日圓

以打破常規的實惠價格提供A5等級和牛，而且還是未經產雌牛的瘦肉。「特選」所使用的是從牛肋脊肉上面分割下來的牛肋眼心或上等肩胛肉等部位。雖說是瘦肉，但仍有細密油花分布其中，切面也相當漂亮。為了防止牛肉劣化，收到點餐以後才會切片。

兵庫·神戶　燒肉　たくちゃん

DATA	
部　位	牛上等肩胛肉
品　種	雌黑毛和牛A5
分　量	100g

薄切肋眼心肉簾

每片850日圓（未稅）

相當具有視覺衝擊感的盛盤方式，使其成為九成顧客都會點上一盤的必定完售知名菜品。將牛肋脊肉的中央部分手工分切成每片35～40g的大薄片肉，如簾子般垂掛在專用架子上。因為很容易烤焦，所以要先用牛脂在烤網上來回塗覆之後，雙面各烤上四秒，沾取活用高湯鮮美風味的專用沾醬來享用。兩片以上方可點餐。

東京・神田　燒肉　金山商店　神田本店

DATA	
部　位	牛肋眼心
品　種	黑毛和牛A5
分　量	35～40g

蔥鹽牛里脊肉捲

每個528日圓　※照片為10個4180日圓

自2016年開業以來就一直很受歡迎的菜品。一開始只是為了有效活用邊角肉等食材，一夕成為招牌菜之後導致肉量跟不上，現在已改用牛里脊肉。將肉片切成細長條狀，擺上大量蔥花捲包起來，再裹覆上網油。網油的甘醇風味會在烤之際滲入肉中，裡頭的蔥花也會在爛烤的狀態下變得鮮甜，更添好滋味。充滿視覺效果的擺盤也在社群網路帶來話題性。

愛知・名古屋　燒肉牛緣　本店

DATA	
部　位	牛里脊肉
品　種	和牛、日本國產牛、進口牛
分　量	每個100g

旭日初升壽喜燒烤肉

2420日圓

以正式嚴謹的擺盤亮相的美麗霜降牛肉片。將已是時下燒肉店經典菜式的壽喜燒烤肉，奢侈地和添加松露油、散發馥郁清香的蛋黃一同享用。用稍微炙烤過的燒肉片包起小飯糰，沾裏拌入蛋黃的沾醬大口享用。作為收尾的燒肉菜品也十分受歡迎，可用每片1100日圓的價格加點。

DATA	
部　位	牛里脊肉
品　種	黑毛和牛
分　量	每片35～40g

東京・澀谷　燒肉　富士門

薄切和牛生上等里脊肉片（醬香）

968日圓 ※照片為二人份，蛋黃每顆55日圓

「生上等里脊肉」可選擇薄切或厚切。薄切肉會推薦採用「涮烤」方式快速雙面炙烤事先裹覆醃肉醬的肉片，再沾取蛋黃一同享用的品嚐方式。吃起來清爽而不油膩的好滋味吸引不少年長者點餐。

愛知‧名古屋　燒肉牛緣　本店

DATA	
部　位	牛後腰臀肉
品　種	和牛
分　量	100g

上等牛里脊壽喜燒烤肉

1800日圓（未稅）

將肉質入口即化的牛肋眼心切成極薄肉片，撒上鹽巴與胡椒作為事先調味後供應。附上切得極細的白蔥絲與蔥綠，待肉烤好以後捲起來享用。沾醬則是採用酸味溫和的平兵衛酢柑橘（ヘベス）製成的自製橙醋沾醬加蘿蔔泥，努力讓顧客品嚐到風味清爽肉質極佳牛肉的這番工夫與巧思成功擄獲了顧客的心。

東京‧用賀　燒肉　星山

DATA	
部　位	牛肋眼心
品　種	黑毛和牛A4‧A5
分　量	100g

戀戀牛里脊肉

1848日圓

新菜單品項。將備受瘦肉愛好者追捧的日本國產牛肋脊肉切成薄片,每盤盛放85～90g。快速將雙面炙烤之後,捲入蘿蔔嬰與蘿蔔泥,沾取橙醋享用這種風味清爽的好滋味。

東京·新宿　燒肉酒場　牛恋　新宿店

DATA	
部　位	牛肋脊肉
品　種	日本國產牛
分　量	85～90g

月見牛里脊肉

1848日圓

日本國產牛的肋眼心或肋眼上蓋肉部位,切成每盤100～120g的大肉片。附上添加了雞蛋、蔥花與高湯醬油的特製月見沾醬,享用這番濃郁好風味。

東京·新宿　燒肉酒場　牛恋　新宿店

DATA	
部　位	牛肋脊肉
品　種	日本國產牛
分　量	100g

美味×美味　一人份三個種類

2200日圓　※照片為二人份

沾附過店家自製醃肉醬的和牛里脊肉片快速炙烤好以後，逐一添上生海膽、鮭魚卵米飯、海苔奶油起司一同享用。雖是未列入現場菜單的預約限定菜品，但因為拍起來很美的視覺美感而在社群網路中蔚為話題，一舉成為該店的招牌菜。

愛知・名古屋　燒肉　みつ星

DATA	
部　位	牛里脊肉
品　種	黑毛和牛A5

片好的烤牛肉盛放到鋪好的白蔥絲上面，擱上「純卵玉子」的蛋黃即大功告成。品嚐時把蛋黃拌到牛肉上面一同享用。

現烤A5等級
烤牛肉200g

2860日圓

未收錄於菜單與店內陳設廣告之列。雖然只能透過網路得知消息，但預約點餐的顧客絡繹不絕。雖同樣使用到「和牛里脊肉」部位，但卻是在思考該如何有效利用不適合燒烤的部位的過程中誕生的菜品。

愛知・名古屋　燒肉　みつ星

DATA	
部　位	牛里脊肉
品　種	黑毛和牛A5
分　量	200g

在大火中來回翻動炙烤，待表面微焦上色之後，切成一口大小來享用。內裡仍舊處於半生狀態（取得生食用食用肉經銷設施許可）。

超級肉排

2750日圓

特色在於看過之後就會留下深刻印象的獨特外觀。後腰臀肉絞成粗絞肉，用牛里脊肉與豬網油捲包起來，以網油的脂肪為兩種牛瘦肉的清爽鮮味更添甘甜芳醇。粗絞肉裡加入少量山葵泥作為調味，讓半生牛肉吃起來更為爽口。

東京‧三越前　BarBies

DATA	
部　位	牛後腰脊肉、牛後腰臀肉
品　種	黑毛和牛A5

まぼ牛里脊

2178日圓

將牛里脊肉中特別柔嫩的夏多布里昂擺在招牌商品的位置，冠上店名以「まぼ牛里脊」之名供應。作為推薦的名菜，收錄於菜單的「特別菜單」分類之中。分切整齊的厚切肉塊盛放到別具高級感的器皿之中。照片內側為「時令涼拌三鮮蔬」（825日圓），是道可享用到當季蔬菜的人氣菜品。採訪當下為甜菜根、松茸、玉米。

愛知‧名古屋　肉亭　まぼたん

DATA	
部　位	夏多布里昂
品　種	日本國產牛

鬼厚牛腰脊肉　S

3080日圓

將肉質在燒肉菜品之中亦屬上乘的牛肉部位，厚切成「鬼厚」系列進行供應。照片為牛肋眼的中心部分。S大小的一人份為100g以上，其他還備有M大小的200g、L大小的300g。外觀看上去就是一整塊牛肉，但其實已事先巧妙地劃上刀痕，一經炙烤就能讓牛肉形成恰到好處的厚度且易於分離。附上添加了蘿蔔泥的清爽沾醬。

東京·淺草　淺草燒肉　たん鬼

DATA	
部　位	牛肋眼心
品　種	黑毛和牛A5
分　量	100g以上

基本上會由店員協助燒烤。以大火炙烤直至表面變得焦香，就能順著刀痕夾離呈片狀的肉片。進一步稍微加熱肉片，待油脂融化就是最佳享用時機。

龍紋厚切牛里脊肉

2750日圓　※醬香拌飯550日圓

將牛後腿股肉中柔嫩且油花分布美麗的下後腰脊角尖肉切成150g的塊狀。劃在表面的格狀刀痕也十分引人矚目。一邊烤肉，一邊預熱添加了一味辣椒粉的醃肉醬，接著再把切成一口大小的肉塊分三次沾醬炙燒。以融入肉的鮮美的醃肉醬製作而成的「醬香拌飯」也十分受歡迎，有三分之二以上的顧客在享用完這道烤肉以後會點來品嚐。

神奈川·川崎　燒肉　大昌園　きんとき　GEMS 川崎店

DATA	
部　位	牛下後腰脊角尖肉
品　種	黑毛和牛A5
分　量	150g

使用熱騰騰石鍋的「醬香拌飯」有時也會在客桌上製作。在石鍋上面塗上麻油，鋪上韓式泡菜再盛入米飯。淋上醬汁，充分拌勻以後供應。

「牛外橫膈膜」

軟嫩多汁而味道鮮美，是個擁有壓倒性高人氣的內臟部位。有不少店家喜歡以厚切形式供應，不過善用其獨特外觀的整條外橫膈膜以及與內橫膈膜也是大家都想嚐味比較的品項。

熟成　牛外橫膈膜

2680日圓

「龍園」研發出以電磁波蒸發水分，在攝氏零度以下熟成的「氷点下エイジング®」（冰點下熟成）獨家技術。在店內熟成櫃中進行各部位的72小時熟成。富含油花且肉質軟嫩的和牛外橫膈膜也在這項熟成技術下，鮮甜美味得到濃縮，風味也更具深度。

福岡‧西中洲　龍園　西中洲店

DATA	
部　位	牛外橫膈膜
品　種	和牛
分　量	70g

豐後和牛　外橫膈膜　肉厚

1089日圓

使用豐後和牛與海外產牛隻的外橫膈膜，發展出切法與調味各有不同的豐富菜品。想讓顧客簡單享用豐後和牛外橫膈膜本身的美味，所以除了照片裡的「肉厚」之外，也提供肉質最軟嫩處的「肉峰」（1419日圓）、薄切的「肉薄」（869日圓）共三種類。以最能凸顯肉汁鮮甜美味的調味鹽與黑胡椒進行調味。

大阪‧西中島南方　豐後牛ホルモンこだわり米匠

DATA	
部　位	牛外橫膈膜
品　種	豐後和牛
分　量	60g

上等牛外橫膈膜

2800日圓

該店在以包廂為主的高級氛圍感空間及優質待客服務方面相當受到好評，其中最引以為傲的高人氣菜品就是這道「上等牛外橫膈膜」。受歡迎的祕密在於和牛外橫膈膜的優異品質。為了能充分享受其軟嫩肉質及鮮美肉汁，切成略厚的肉片。搭配一整組的甜味沾醬、香檸沾醬與醬油沾醬，依個人喜好沾取享用。

埼玉・埼玉市　燒肉　高麗房　大宮店

DATA	
部　位	牛外橫膈膜
品　種	和牛

牛內橫膈膜

800日圓

進貨價能壓得比外橫膈膜還低的內橫膈膜，塗上山葵味道突出的醃肉醬料，讓人得以暢快享用這樣的絕佳風味。山葵的嗆辣一經炙烤就會變得溫和，繼而令滋味鮮美的瘦肉吃起來更顯清爽。調味方面除了照片所示的自製山葵醃肉醬汁外，還有鹽巴與沾醬可供選擇。

東京・新小岩　炭火燒肉　矢つぐ

DATA	
部　位	牛內橫膈膜
品　種	日本國產牛
分　量	80g

使用玻璃製水瓶來展現肉的新鮮程度。
在擺盤上面也頗費一番巧思,在醬油醃
肉醬裡放入大蒜再醃入外橫膈膜,最後
於瓶口處擺上大量蔥花,讓整體外觀更
有看點。

牛外橫膈膜之王　300g

4100日圓

充分劃上刀痕的外橫膈膜放入大蒜醬油醃肉醬中醃漬,擺上蔥花完成壺漬橫膈膜。
將一整條300g的外橫膈膜豪邁地放到烤爐上面,擺上大蒜一起燒烤,待烤好以後
再配著大蒜一起大快朵頤。外橫膈膜基於「油花與瘦肉比例恰到好處而美味」的訴
求,採用的是澳洲產牛隻與和牛交配出來的雜交牛。

大阪・新福島　燒肉処　Juu+Ju

DATA	
部　位	牛外橫膈膜
品　種	澳洲牛雜交種
分　量	300g

由店員在顧客面前炙烤後提供。放入盛有獨家烤肉醬的陶壺裡浸漬，單面以中火仔細炙烤4分鐘。接著再次放入壺裡浸入醬中，炙烤另一面約3分鐘，剪成易於食用的大小。

醬烤全條牛橫膈膜

1790日圓（未稅）

這道極具視覺衝擊的菜品使用的是重約300g並分切成30cm以上的日本國產牛上等外橫膈膜。待收到點餐以後再做切，斜向劃上刀痕好讓肉更易於烤熟。即使是燒烤前的外觀也十分具有視覺魄力，拍照上傳到社群網路的顧客也不在少數。

東京・大崎　燒肉ホルモン　BEBU屋 大崎店

DATA	
部　位	牛外橫膈膜
品　種	日本國產牛
分　量	300g

醬烤牛外橫膈膜條

869日圓

切成易於平均受熱的長條狀，享受與平時吃慣的外橫膈膜不同口感的韻味。除了醬烤之外，還有鹽巴、蔥鹽、蒜香共計四種調味。

大阪・西中島南方　豐後牛ホルモンこだわり米匠

DATA	
部　位	牛外橫膈膜
品　種	美國牛Prime
分　量	60g

名菜牛外橫膈膜排

3520日圓

著眼於牛外橫膈膜「健康低熱量的同時又具有肉的口感與風味」的潛力，提出牛外橫膈膜美味吃法的一家店。外橫膈膜排即為其中的一道「知名菜品」。整塊肉烤好以後，沾取特製沾醬，搭配黑松露與大分縣高級雞蛋組合而成的「はらみ原創濃醇蛋」細細品味。

大阪・北新地　ハラミ專門店　北新地はらみ

DATA	
部　位	牛外橫膈膜
品　種	黑毛和牛A4・A5
分　量	100g

四種橫膈膜
嚐味綜合拼盤

1980日圓

這一盤裡面有牛、豬、雞橫膈膜的綜合拼盤，是道高達八成以上的顧客都會指名點餐的高人氣菜品。因為能在享用美味之餘進行種類豐富的嚐味比較而廣受歡迎。豬使用上州豬，雞則是但馬雞等品種。

大阪・中崎町　燒肉　ハラミ馬鹿

DATA	
部　位	牛外橫膈膜、內橫膈膜
品　種	日本國產牛、上州豬、但馬雞

上：澳洲牛
馬鹿牛外橫膈膜排

2600日圓
※每克13日圓，滿100克以上方可點餐

下：日本國產牛
馬鹿牛外橫膈膜排

4000日圓
※每克20日圓，滿100克以上方可點餐

作為招牌菜單的這道「馬鹿牛外橫膈膜排」備有日本國產牛、美國牛、澳洲牛三種，可依個人喜好從100g的量開始點餐。能享受嚐味比較的樂趣，再加上每片肉充滿視覺效果的立體擺盤方式，因而掀起一波話題成為熱門商品。

大阪・中崎町　燒肉　ハラミ馬鹿

DATA・上	
部　位	牛外橫膈膜
品　種	澳洲牛
分　量	200g

DATA・下	
部　位	牛外橫膈膜
品　種	日本國產牛
分　量	200g

「牛舌」

受歡迎的牛舌根自不在話下，包含牛舌中、舌尖、舌下在內，只要將著眼點放在各自的美味程度上面，就能發展出繽紛多彩的商品。經典的蔥鹽牛舌也能藉由不同的呈現方式成爲煥然一新的菜品。

極品鹽味生牛舌

兩片 2200日圓

牛舌根豪邁地切成1cm厚片，揉搓上以蜂蜜、檸檬與鹽巴發酵而成的特製「檸檬鹽醬」之後供應。以檸檬香氣增添清爽之感，肉質也會在蜂蜜的作用下變得軟嫩。點綴在盤子上的佐醬就是「檸檬鹽醬」，與紅酒也很相襯。

東京·三越前 BarBies

DATA	
部 位	牛舌根

據說一開始先用檸檬「清潔」烤網，能更加品嚐得到肉中所含脂肪的美味。接著再用牛脂塗抹。

究極上等鹽烤牛舌

1639日圓

為了讓高品質牛舌一放入口中的瞬間就能感受到「鮮美」，就連鹽巴、麻油、大蒜、蔥末、白芝麻等調味料的添加順序都做過好一番研究，才終於完成的一道菜品。切去略帶異味的牛舌外圍，僅使用舌芯部分。收到點餐才會進行調味。

東京·澀谷 USHIHACHI 渋谷店

DATA	
部 位	牛舌中

牛舌

1860日圓

DATA	
部　位	牛舌中
品　種	進口牛
分　量	100g

燒肉菜單很簡單地分成了綜合牛瘦肉、綜合牛內臟以及牛舌。在這家以適合搭配米飯享用的醬烤燒肉為營運概念的燒肉店中，鹽烤牛舌能起到轉換口味的作用。話雖如此，但這盤牛舌也是經過白胡椒、黑胡椒與藻鹽充分調味，不論是配飯或下酒都很對味。基於更利於咬斷咀嚼的考量，薄切成片以後劃上格狀刀痕。　　　東京・濱松町　たれ燒肉　のんき　浜松町店

將每片20g的薄切牛舌搥打延展成大薄片。將蒜末擺到牛舌片上面，僅做單面炙烤，再捲起來享用。會由店員說明吃法並示範第一片牛舌的烤法。

香蒜牛舌

1860日圓

大量的蒜末鋪在牛舌上。在切碎的蒜末裡加入麻油與鹽巴調味，再擺放到已經搥成薄片的牛舌上面。為了尋求不會邊烤邊掉落大蒜的吃法，想出了這種用牛舌包住蒜末的享用方式。這道在擺盤上增添些許視覺效果，帶著一絲嗆辣味道的香蒜牛舌，只要嚐過一遍就會上癮。　　　東京・濱松町　たれ燒肉　のんき　浜松町店

DATA	
部　位	牛舌中
品　種	進口牛
分　量	100g

蔥鹽牛舌

1408日圓

特色在於給人一種如同為牛舌蓋上一層蔥鹽
棉被的視覺震撼。自製蔥鹽採用的是用食物
調理機將洋蔥、大蒜、蛋黃與鹽巴攪碎而成
的蔥蒜糊。燒烤方法是用2mm厚的牛舌裹上
蔥鹽炙烤，但因為這對初次嘗試的顧客來說
略有難度，所以會由店員協助燒烤前兩片牛
舌。

東京·澀谷　燒肉　富士門

DATA	
部　位	牛舌
品　種	進口牛

如包餃子般用牛舌將蔥鹽包起來放到烤爐上
面。除了慢火炙烤單面的烤法，也很推薦這
種來回翻轉把肉烤熟的吃法。

肉汁爆漿牛舌

539日圓

將海外進口牛隻的牛舌切成厚切片、中厚切片、薄切片，搭配爆漿、各
式切法與調味來做供應。其中「爆漿」為店家獨創，將調味蔥填入切成
袋狀的牛舌之中，穿入竹籤封口。一經燒烤，就會呈現出肉汁爆漿般的
視覺饗宴。為每天限定十份的限量商品。

大阪·西中島南方　豐後牛ホルモンこだわり米匠

DATA	
部　位	牛舌中
品　種	進口牛
分　量	25g

在牛舌側面劃入刀痕，劃
開成狀似關東煮絞肉福袋
的口袋狀，填入切碎的調
味蔥。

牛舌包蔥

800日圓

在切成1cm厚的牛舌中央劃開一道開口，充分填入15～25g蔥白末與麻油、鹽巴、大蒜泥混合而成的調味蔥。蔥的部分要是提前做好容易出水，所以會在營業前的2小時內備妥。蔥花的存在感超越牛舌的超人氣牛舌包蔥，是一道超過九成顧客都會點來品嚐的熱門菜品。

兵庫・神戶 やきにく3姊妹

DATA	
部 位	牛舌中
品 種	美國牛
分 量	70g

蔥繫牛舌福袋（2個）

2000日圓　※搭配一萬元以上的套餐做供應

將牛舌與鮮蔥這個絕對不會出錯的絕佳組合，製作成有趣的造型，藉此來提高這道菜品的魅力。牛舌根橫向切成一大片，包入以鹽巴和麻油調味好的蔥花，再用十字綁法綁上細蔥。烤好以後，經過燜烤的鮮蔥甘甜美味就會在口中擴散開來。沾取以鹽味沾醬為底調製而成的酢橘沾醬，清爽不膩口。

東京・飯田橋 和牛燒肉 とびうし

DATA	
部 位	牛舌根
品 種	澳洲牛
分 量	每個30g

鹽烤芽蔥牛舌捲

1100日圓

從用於壽司料的芽蔥上面獲得靈感，改良設計出這款蔥鹽牛舌。舌根部分以1.2mm的厚度做分切，再用來捲起芽蔥。烤的時候也要滾來滾去來回翻烤。撒上鹽巴、胡椒與芝麻做供應。

岐阜‧多治見市　古民家燒肉　古登里

DATA	
部　位	牛舌根

夢幻花開鹽味牛舌

2860日圓

劃上深深的刀痕讓牛舌看上去如盛放的花朵，是一道可同時帶來視覺饗宴的菜品。在厚切牛舌根上面劃入略為細密的格狀刀痕。切口處一經炙烤便會向外翻捲，不僅外觀獨特，還能品嚐到切口的焦香酥脆，因而相當受到歡迎。限定每桌最多只能供應一盤。

千葉‧船橋市　肉の匠　將泰庵　船橋総本店

DATA	
部　位	牛舌根
品　種	黑毛和牛

牛舌拼盤

2500日圓

將美國牛Prime等級的牛舌分切成「極品牛舌」、「鹽烤牛舌」、「牛舌筋」三種，組合成130g拼盤做供應。靠近根部而肉質柔嫩的「極品牛舌」（照片左側）切成每片達25g的厚片來增加嚼勁。「鹽烤牛舌」（照片中央）組合成花朵讓擺盤更顯華美。是一道近八成顧客都會點上一盤的高人氣菜品。

東京·新小岩　炭火燒肉 矢つぐ

DATA	
部　位	牛舌
品　種	美國牛Prime
分　量	100g

三樣牛舌綜合拼盤

1990日圓

能品嚐到牛舌各部位不同美味的綜合拼盤。
照片外側是能享受嚼勁的舌尖「赤肉牛
舌」，內側是越嚼越有味道的舌筋「牛舌
塊」，左側則是內含油花而多汁的「厚切牛
舌」。舌筋上面劃上了細密刀痕，使其更易
於咀嚼。推薦按照更能品出牛舌美味的厚切
牛舌、赤肉牛舌、牛舌塊的順序進行燒烤。

東京·大崎　燒肉ホルモン　BEBU屋　大崎店

DATA	
部　位	牛舌尖、牛舌筋、牛舌根
品　種	美國牛

整塊放到日式炭火爐上面炙烤以後，用料理
剪刀進行分切。不事先劃上刀痕以便享用大
口咬肉的口感。

厚切牛舌

2948日圓

以夾頁菜單做介紹的厚切肉品之一。除了
牛舌之外，牛外橫膈膜、牛里脊肉亦可厚
切供應。其中最受歡迎的就是將牛舌中切
成180g的肉塊做供應，肉質軟嫩又鮮甜的
「厚切牛舌」。仔細炙烤以後剪成四塊，烤
至個人喜好的熟度大快朵頤。以鹽巴與胡椒
做事先調味，附上檸檬沾醬。

東京·立川市　燒肉酒場　すみびや

DATA	
部　位	牛舌根
品　種	美國牛
分　量	180g

肉塊檸檬牛舌

1859日圓

整塊牛舌根加上檸檬片的組合。將一提起仙台就會聯想到的牛舌、檸檬沙瓦與店家營運概念結合在一起的燒肉菜品。在夾著檸檬的狀態下炙烤，能讓檸檬的香氣與風味滲入牛舌之中，使富含脂肪的牛舌根吃起來更為清爽。有趣的視覺造型為其帶來不少關注度，是一道必定完售的菜品。

東京・澀谷　0秒レモンサワー®　ホルモン燒肉酒場　ときわ亭　渋谷店

DATA	
部　位	牛舌根
品　種	進口牛

選用以食鹽、岩鹽及一味辣椒粉調味好的香蒜片，待牛舌炙烤得差不多之際再將蒜片放到切口裡，享用帶著香蒜風味的牛舌。

10公分極厚牛舌

2750日圓

大膽地切掉牛舌下，從牛舌根上面切出10cm商品化為「極厚牛舌」。僅在單面劃上刀痕，再自較長邊切成三等分。撒上獨家調味鹽提供，並附上特製香蒜片作為調味佐料。是一道無論哪桌都會點上一盤的招牌菜，在顧客進店之際就會立刻開始分切。

兵庫・神戶　燒肉　たくちゃん

DATA	
部　位	牛舌根
分　量	300～400g

熟成牛舌

3278日圓

將在自家店內熟成的牛舌切成厚片，表面劃上刀痕之後供應。這種有著其他地方吃不到，經過適度逸散水分後濃縮鮮味與甜味、口感脆彈的牛舌已是該店的知名菜品。以鹽巴與黑胡椒調味，搭配檸檬或醋為底調配出來的專用沾醬一同享用。 東京・淺草 浅草焼肉 たん鬼

DATA	
部　位	牛舌
品　種	進口牛
分　量	70～80g

牛舌連皮一起存放在1℃的冷藏室裡熟成25天。水分逸散會讓整體向內縮水，需大範圍切去外側，所以一條牛舌所能取得的量為二到三人份。以數量限定的方式供應。

BOSS鹽烤牛舌

2680日圓

為顛覆牛舌皆應搭配檸檬鹽醬這種刻板印象而開發出梅子沾醬。帶有鰹魚高湯鮮美味道的酸味沾醬能讓厚切牛舌吃起來更為清爽。由於選用其中最柔軟的部分，所以每條牛舌只能切出兩人份。切成1cm的厚片，以7～8mm的間距在單面劃上刀痕，用鹽巴、胡椒、麻油與大蒜泥進行調味。

神奈川・橫濱　焼肉　AJITO総本店

DATA	
部　位	牛舌
品　種	澳洲牛
分　量	120g

涮烤上等牛舌

2900日圓

將外形裁切成長方體的牛舌中央部分，平行薄切成極薄肉片進行涮烤。平鋪到細長的陶製器皿上面，伴隨煙霧繚繞的乾冰一起供應，營造出特殊的氛圍感。這間因為周到的款待服務而廣受好評的店，有不少菜品都是由員工代為燒烤，這道「涮烤」菜品亦在此列，以絕佳的燒烤熟度提供顧客。

埼玉・埼玉市　燒肉　高麗房　大宮店

DATA	
部　位	牛舌中
品　種	美國牛
分　量	80g

牛舌可以搭配山藥泥醬或自製橙醋。搭配橙醋時，僅炙烤單面並捲入青蔥。山藥泥醬裡添加了鵪鶉蛋、海苔粉及韓國海苔。

涮烤極品上等牛舌

1824日圓

備有厚切牛舌、蔥鹽牛舌、味噌牛舌等種類豐富的八款牛舌。照片中的「涮烤牛舌」是先將牛舌根半冷凍，再用切肉機切成極薄片。雙面快速炙烤一下，自由變換口味搭配添加了檸檬與柳橙的自製橙醋、鹽昆布、檸檬等調味佐料來享用。新穎的品嚐方式受到相當不錯的好評。

千葉・流山大鷹之森　宮崎牛一頭買い　燒肉issa　おおたかの森店

DATA	
部　位	牛舌根
品　種	和牛
分　量	100g

特級鹽烤黑毛和牛舌

2680日圓

該店為神戶市人氣義大利餐廳「Ciccia」於2019年開業的燒肉店。曾赴北義大利修業的主廚結合所學廚藝，透過使用義式清湯製作醬汁與湯品等方式，製作出風格新穎的燒肉料理。也會採用在去除牛舌血水之後以冰水緊實肉質等獨特的食材處理方式。特級黑毛牛舌將肉切成1mm的薄片，搭配以義式清湯、醋、味醂、檸檬汁、蔥末調製而成的鹽味沾醬一起享用。

兵庫・新神戶　燒肉bue

DATA	
部　位	牛舌
品　種	黑毛和牛
分　量	70〜80g

鹽烤牛舌

858日圓

從「10公分極厚牛舌」（→P.107）切剩下來的牛舌部位商品化而來。將牛舌中到牛舌尖的部位切成5mm的薄片做供應。屬於牛舌裡越嚼越有味道的部分，以鹽味為主的調味料抓醃，烤好以後不沾醬，而是搭配用一味辣椒粉調出誘人香辣風味的香蒜片一起享用。

兵庫・神戶　燒肉　たくちゃん

DATA	
部　位	牛舌中〜牛舌尖
分　量	100g

まぼ牛舌

一人份3300日圓 ※照片為三人份

從獨家進貨管道購得的稀有黑毛和牛的生牛舌，每天都會在店內進行分割處理。這道冠上店名的招牌菜品，以刀工切出能呈現牛舌軟嫩感的樣貌，以擺盤營造出豐盛華麗的外觀，更是氣派地運用到插花裝飾。在表面刷上鹽味調味醬，烤好以後無需沾醬即可享用，直接品嚐食材本身的優質美味。

愛知・名古屋　肉亭　まぼたん

DATA	
部　位	牛舌根
品　種	黑毛和牛

每天都會進貨數條的黑毛和牛生牛舌。在店內從去皮開始修清處理，以高超的刀工技術最大限度凸顯牛舌的鮮甜美味。

接到點餐之後才做分切，擺盤完成再進行調味步驟。在表面刷上一層特製的鹽味調味料，讓成品看上去顯得水潤可口。

燒肉從牛五花肉、牛里脊肉的範疇橫跨到活用牛肩與後腰臀等部位的情況已經十分普遍。其中尤以瘦肉最受歡迎，在分切技術與調味方面凸顯店鋪本身的風格。

牛肩胛板腱肉

2530日圓

在菜單上面大致分成「瘦肉」與「霜降肉」，並為不熟悉牛肉部位的顧客附上各自的部位說明。牛肩胛板腱肉為「霜降肉」並附註特色在於「位於肩胛內側部位，有著絕佳的霜降油花與甘甜風味」。在燒肉×米飯的組合概念下，將肉片切成容易裹起米飯的大小。

東京・青山　燒肉ホルモン　青一

DATA	
部　位	牛肩胛板腱肉
品　種	雌黑毛和牛A5
分　量	80g

極品上等肩胛里脊牛排

1320日圓

該店雖屬於平日就能輕鬆上門消費，可單片點購喜好部位的燒肉店，但也備有排餐作為輕奢侈感菜品供應。牛肩胛里脊是個能享用到瘦肉鮮甜美味與香甜血紅肉汁的部位，燒烤成排餐可以充分享用其肉感十足的好滋味。

大阪・北新地　立食燒肉　一穗　第二ビル店

DATA	
部　位	牛肩胛里脊肉（黃瓜條）
品　種	黑毛和牛A4・A5

高麗房牛肉千層

1800日圓

將切得極薄的肩胛板腱肉如千層派般，三片疊放在一起直接炙烤。捲起來燜烤還能享用到肉質軟嫩口感。由於燒烤方式較難，所以由店員提供代烤服務。添加昆布高湯的淋醬風味清爽，搭配加了蛋黃的沾醬一同享用。

埼玉・埼玉市　燒肉　高麗房　大宮店

DATA	
部　位	牛肩胛板腱肉
品　種	黑毛和牛A5
分　量	45g

用燜烤的方式三片疊在一起燒烤，搭配加有蛋黃的沾醬一同品嚐。肉吃完以後，再把沾醬淋在一口大小的米飯上面享用生蛋拌飯的美味。

如花盛放牛外腹肌

418日圓

此部位帶筋且肉質稍硬，但風味鮮甜濃郁。劃上細密刀痕方便咀嚼時咬斷，因此越嚼越有味道。確實劃上的刀痕會使其在炙烤受熱的時候如花盛放般向外舒展。以吃到飽為主，選擇3680日圓以上的方案可點餐。

靜岡・袋井　レーン燒肉　火の国　袋井店

DATA	
部　位	牛外腹肌
品　種	日本國產牛
分　量	90g

壽喜燒涮肉松露特餐
3080日圓

九州產黑毛和牛後腰脊肉的脂肪修整乾淨之後切成薄片。這是一道以燒肉沾醬為底調製出特製調味醬汁，再將肉片涮入其中來享用的「壽喜燒涮肉」料理。因為會在顧客面前進行令人驚喜的現刨松露表演而備受歡迎。內附一口大小的米飯，淋上帶有牛肉美味與松露香氣的雞蛋，以略顯奢侈的生蛋拌飯作為完美收尾。

福岡・西中洲　龍園　西中洲店

DATA	
部　位	牛後腰脊肉
品　種	黑毛和牛A5
分　量	每片25g

肉片不用烤的，而是放入已用爐火加熱的調味醬汁裡面，以涮肉片的方式來吃。沾取加了松露的蛋黃，搭配松露香氣一同享用。

鐵鍋壽喜燒烤肉

1980日圓

將高人氣的壽喜燒烹調模式改用烤網上的鐵鍋炙燒的創意吃法，享用絕佳
的燒烤熟度。將牛後腰脊肉切成約莫2mm的薄片，切除多餘脂肪，僅使用
中央的部分。先把米飯煎烤到焦香四溢，接著快速炙燒肉片，包入米飯。
把能夠從一片燒肉開始享用到跟壽喜燒、米飯、鐵鍋串聯在一的美味感動
帶給顧客。　　　　　　　　　　　　　東京‧三越前　BarBies

DATA	
部　位	牛後腰脊肉
品　種	雌黑毛和牛A5

一開始先煎烤米飯，直至表面略顯焦
香。接著炙燒肉片並盛放到盤子裡，擺
上米飯捲包起來。淋上打入蛋黃的特製
醬汁，與米飯一起享用。

肉火山

4800日圓

1.5cm厚的牛後腰脊肉300g。作為招牌菜而設計出這款模擬火山外觀、魄力十足的擺盤。雖為高價商品，但也提供在慶祝場合於中央點上蠟燭的貼心服務，抓住顧客節慶聚餐的需求。使用以神戶牛與近江牛為主的A4・A5等級雌牛。

兵庫・尼崎市　あまがさき　ポッサムチブ

DATA	
部　位	牛後腰脊肉
品　種	黑毛和牛A4・A5
分　量	300g

名菜
3秒炙烤雪花牛

每片1089日圓

一大片分切的後腰脊肉以醬汁進行事先調味，烤好後再沾取蛋黃一同享用的壽喜燒烤肉吃法。由店員炙烤至最佳品嚐狀態。火焰奔騰而起，手法俐落炙烤肉片的架式引來顧客不小的歡呼聲。附上一口大小米飯，供顧客吃掉肉以後搭配剩餘的蛋黃享用。

東京・澀谷　USHIHACHI　澀谷店

DATA	
部　位	牛後腰脊肉
品　種	黑毛和牛A4

肋眼鉛筆肉

時價

位於牛肋眼心附近的稀有部位，每頭牛僅能取得一小部分。活用其獨特如鉛筆的外形，直接冠上部位名稱來整塊提供。因稀有而定為時價。為肉質細緻內含油花的瘦肉，能同時享用到鮮甜與濃醇風味，一有供應必定會收到點餐。

東京‧新宿　燒肉酒場　牛恋　新宿店

DATA	
部　位	牛肋脊肉
品　種	日本國產牛
分　量	60g

夏多布里昂

5000日圓　※照片為二人份

使用近江牛稀有的牛里脊肉，分別商品化為「上等菲力」與「夏多布里昂」。身為高人氣商品的夏多布里昂屬於高級部位，肉質極佳，分切成每人100g的厚切肉片。以鹽巴與胡椒的調味來帶出極品鮮甜滋味。

東京‧飯田橋　和牛燒肉　とびうし

DATA	
部　位	夏多布里昂
品　種	近江牛A5
分　量	100g

夏多布里昂

3278日圓

以厚切肉塊的形式來提供這個在肉質柔嫩的牛里脊部位中，亦屬最高級瘦肉的部位。附上山葵泥與大蒜片，品嚐牛排般的好滋味。正因為選用的是店主老家在鹿兒島經營的「尾崎牧場」育肥出來的和牛，對於食材有著強烈的自豪感，因而也透過菜單向顧客闡述其牛肉品質的優異之處。

福岡‧博多　やきにくのバクロ　博多店

DATA	
部　位	夏多布里昂
品　種	黑毛和牛A4‧A5
分　量	110g

竹籬瘦肉牛排

1980日圓

豪邁燒烤一整塊肉，再以料理剪刀分剪下來享用。將自後腰臀部位切出來的瘦肉切成一大塊牛排大小，仔細於肉塊表面劃上竹籬狀的刀痕，以炭火炙烤來細品上等肉質的鮮美軟嫩。可選擇佐搭鹽巴或沾醬。

千葉・船橋市　肉の匠　将泰庵　船橋総本店

DATA	
部　位	牛後腰臀肉
品　種	黑毛和牛A4・A5

上等瘦肉

1980日圓

將上後腰脊蓋肉與內腿肉等肉質較軟嫩的部位作為「上等瘦肉」供應。嚴格挑選採購飛驒牛、仙台牛這些當下最佳的A5等級黑毛和牛，加以熟成增添牛肉的鮮甜美味，而後再予以商品化。以最能凸顯食材本身優點的鹽巴進行調味，搭配混入鰹魚粉與芝麻的特製鹽巴大快朵頤。

愛知・名古屋　A5燒肉＆冷麵　二郎　柳橋店

DATA	
部　位	牛上後腰脊蓋肉或牛內腿肉
品　種	黑毛和牛A5

牛後腿股肉心

1980日圓

這道被歸類於「瘦肉」的牛後腿股肉心，在菜單上面明確標上了「瘦肉與油花形成絕妙平衡」的部位特徵。進貨之際已是分割處理好的狀態，而後在店內進一步徹底做好去筋等動作以提升品質，讓口感更好。瘦肉一類的肉品基本上都要薄切，無需炙烤太久即可享用。每片肉20g。　　　　東京・青山　燒肉ホルモン　青一

DATA	
部　位	牛後腿股肉心
品　種	雌黑毛和牛A5
分　量	80g

後腿股肉心牛排

1600日圓（未稅）

由厚達2cm的後腿股肉心炙烤而成的牛排。整塊牛排盛放在厚實的石板上端上客桌，再交由店員協助炙烤，以便最大限度帶出炭火燒烤的美味。待烤好以後再端回廚房分切，沾取在盛盤容器上撒了一大片的海鹽與胡椒一同享用。　　東京・神田　燒肉　金山商店　神田本店

DATA	
部　位	牛後腿股肉心
品　種	黑毛和牛A5
分　量	100g

入口即化的丈

1600日圓（未稅）

這道作為招牌菜之一的下後腰脊角尖肉富含油花，還有著肉質柔嫩入口即化的好滋味，於是冠上知名漫畫的書名、將這道菜品命名為「入口即化的丈」（とろとろのジョー）。享用時沾取高湯風味突出的自製土佐醬油與山葵泥。

東京・神田　燒肉　金山商店　神田本店

DATA	
部　位	牛下後腰脊角尖肉
品　種	黑毛和牛A5
分　量	60g

香蘋和牛肉捲

2200日圓

用牛肉捲包蘋果一同享用的創意菜品。選用牛後腿股部位最富含油花且肉質柔嫩的牛下後腰脊角尖肉，與有著清脆口感與清爽酸味的蘋果十分對味。頗受想吃點口味清爽燒肉的顧客好評，也能作為穿插在其他菜品中的一大點綴。

福岡・博多　やきにくのバクロ　博多店

DATA	
部　位	牛下後腰脊角尖肉
品　種	黑毛和牛A4・A5

牛下後腰脊角尖肉

1595日圓

從希望一次吃到肉與蔬菜的想法出發所推出的「鮮蔬肉捲」菜式相當受到好評。牛肉片與提味蔬菜分開來點餐，等肉片烤好再捲包蔬菜大口享用。捲蔬菜用的肉片雖然有很多種類可以選擇，不過最推薦的還是富含油花的下後腰脊角尖肉。鮮蔬肉捲使用的提味蔬菜除單項單點（308日圓）之外，還有「自選五樣拼盤」（1078日圓）與「自選十樣拼盤」（2068日圓）的選項，提供小黃瓜、蘘荷、西洋菜、薑絲、蘿蔔嬰等品項供顧客挑選。

神奈川・川崎　燒肉　大昌園　きんとき　GEMS川崎店

DATA	
部　位	牛下後腰脊角尖肉
品　種	黑毛和牛A5

牛外後腿股肉

2100日圓

外後腿股肉是後腿股肉的一部分，屬於筋較多的部位。為了充分享用其美味而進行薄切，但改良成夾入紫蘇葉的風味。先切成厚2mm的肉片，再於中央割開一刀，夾入紫蘇葉一同燒烤。這樣的做法可以留下紫蘇的餘香，完成一道形象不同於歷來燒肉的精緻燒肉菜品。

大阪・新福島　燒肉処　Juu＋Ju

DATA	
部　位	牛下後腰脊球尖肉
品　種	黑毛和牛A5
分　量	90g

牛下後腰脊球尖肉

2100日圓

肉質柔嫩且清爽的下後腰脊球尖肉與最是對味的清爽橙醋所搭配出來的一道菜品。將蘿蔔泥與蘿蔔嬰擺放在薄切肉片上面炙烤，淋上橙醋來享用。能從中品嘗到一般燒肉所沒有的清爽風味，是一道頗受歡迎的解膩菜品。

大阪・新福島　燒肉処　Juu＋Ju

DATA	
部　位	牛下後腰脊球尖肉
品　種	雌太田牛
分　量	90g

厚切牛肉塊佐真山葵

2000日圓

六成上門顧客都會點上一盤的知名菜品，每天輪流用牛後腰臀的不同部位（照片為內臀芯肉）切成約90g的骰子狀牛肉塊，沾覆熟成三年的醬油（照片僅拍攝牛肉）再做提供。附上自製醬油麴與真山葵泥。因每天用到的部位都不固定，所以會由店員進行口頭說明。

兵庫・尼崎市　あまがさき　ポッサムチプ

DATA	
部　位	牛上後腰脊蓋肉
品　種	黑毛和牛A4・A5
分　量	90g

具有獨特口感與風味的內臟肉，可謂是維持現代燒肉居酒屋人氣的必備菜品。去除特殊氣味並設法凸顯其本身特色，在沾醬或調味上面花費一番巧思製作出來的超級下酒菜品享有極高的評價。

牛心（薄切）

700日圓

採購新鮮度超群的牛心，將中心連有脂肪的部分薄切後供應。刻意連同通常會剔除的脂肪部分一起供應，打破常規向顧客推薦「不妨品嚐一下屬於瘦肉的內臟肉不同的脂肪質地」。由於每頭牛身上大約只能切出十份，屬於每天都會賣完的人氣菜品。

東京・新小岩　炭火燒肉　矢つぐ

DATA	
部　位	牛心
品　種	日本國產牛
分　量	100g

薄切牛心

780日圓

附帶脂肪狀態進貨的日本國產牛心，在菜單上分成了厚切與薄切兩種。照片為相當受歡迎的薄切片，切成大約5mm的厚度，收到點餐再以鹽巴、胡椒、麻油、大蒜泥等調料進行調味。極新鮮日本國產牛才嚐得到的毫無腥味以及彈韌口感相當受到好評。每盤110g也相當具有分量感。

神奈川・橫濱　燒肉　AJITO総本店

DATA	
部　位	牛心
品　種	日本國產牛
分　量	110g

日本國產牛肝以水沖洗並剔除血管與外
層，切成薄片再以鹽巴與麻油調味。牛肝
一經加熱就能享用到脆彈口感與牛肝獨有
的濃郁風味。依喜好搭配蔥花一起享用。

特製鹽漬牛肝
700日圓

東京・新小岩　炭火燒肉　矢つぐ

DATA	
部　位	牛肝
品　種	日本國產牛
分　量	100g

牛胰臟
650日圓（未稅）

將牛胰臟這個每次僅能採購到400～500g的
稀有部位放進燒烤菜單之中。最開始是在進貨
商的提議下，以每盤60g的分量作為隱藏版招
牌菜供應。多汁而嫩滑爽脆的口感使其成為喜
愛者眾多的一道菜品，搭配調味略顯清爽的微
辣沾醬一起品嚐。

東京・神田　燒肉　金山商店　神田本店

DATA	
部　位	牛胰臟
品　種	日本國產牛
分　量	60g

上等牛瘤胃佐紀州梅

1380日圓

DATA	
部　位	牛瘤胃
品　種	尼加拉瓜牛
分　量	60g

越嚼越能嚐出鮮甜美味的高品質新鮮「牛瘤胃」是內臟肉中高點餐率的一道菜品。活用其獨特口感，劃上細密刀痕使其能同時享用到滑嫩肉質與脆彈嚼勁。以鹽醃調味提供並附上嚴選大顆南高梅，和烤好的牛瘤胃一起享用。牛瘤胃的清淡味道在恰到好處的酸味襯托下，更添清雅。

福岡・西中洲　龍園　西中洲店

上等牛瘤胃

770日圓

在店家「只處理優質食材，菜單少而精」的經營方針之下，牛瘤胃的部分同樣僅有和牛的上等牛瘤胃。充分劃上格狀刀痕，再以濃郁的味噌醃肉醬確實抓醃。味噌醃肉醬由蘋果泥、檸檬汁、水飴、紅味噌熬煮而成。

兵庫・神戶　燒肉　たくちゃん

DATA	
部　位	牛瘤胃
品　種	和牛
分　量	100g

薄切上等牛瘤胃

1200日圓

上等牛瘤胃以2mm的厚度手工切成薄片，以河豚生魚片式的擺盤樣式提供。放到烤爐上面正反面炙烤數秒，搭配鹽巴與柑橘一起品嚐。風味清爽、吃法簡便且易於咀嚼吞嚥，被中高牛齡層男性評為絕佳下酒菜。夏至秋季會佐附酢橘。75g為一人份。除此之外還提供切成1cm厚並劃上格狀刀痕的「上等牛瘤胃」。

大阪・新福島　燒肉処 Juu+Ju

DATA	
部　位	牛瘤胃
分　量	75g

牛肚條

132日圓

牛肚條為牛第二胃（牛蜂巢胃）與第三胃（牛重瓣胃）的銜接處，屬於每頭牛僅能取得少許的稀有部位。特別受到內臟老饕的喜愛。特色在於有著類似鮑魚的獨特彈牙口感與甘甜脂肪風味，經過細心的事先處理，劃上刀痕再切成易於咬斷食用的切片。

大阪・北新地　立食燒肉　一穂　第二ビル店

DATA	
部　位	牛肚條
品　種	日本國產牛
分　量	15～17g

炙燒牛內臟

759日圓

DATA	
部 位	牛小腸
品 種	豐後和牛
分 量	100g

牛小腸放入外圍呈溝狀的特製器皿之中燜蒸10分鐘，擺上香橙皮並蓋上碗狀蓋子端到顧客餐桌上。溝狀處注水，在客桌上再次燜蒸，營造出一掀開蓋子就會熱氣直冒的景象。夾出來裹上一層醃肉醬，再以炭火稍作炙烤後享用。除了小腸之外，亦提供大腸與丸腸。

大阪·西中島南方　豐後牛ホルモンこだわり米匠

BOSS牛內臟

880日圓

富含彈嫩脂肪的牛大腸切大塊，拌入滋味濃郁的味噌醃肉醬的一道牛內臟菜品。醃肉醬使用的是在麴味噌中添加三溫糖等調味料調整甜度的混合味噌醬。劃上刀痕能讓大腸更易沾附醬汁，充分品嚐醬香四溢、脂肪鮮甜的好滋味。也非常適合搭配米飯一起享用。　　　神奈川・橫濱　燒肉　AJITO総本店

DATA	
部　位	牛大腸
品　種	日本國產牛
分　量	100g

停不了口鹽烤豬肚

550日圓

豬肚就是豬的胃。採購肉特別厚的中央部分，正反兩面皆確實劃上刀痕，以便充分享用這種滑嫩彈牙的嚼勁。以胡椒的微辣風味完成不論配飯或下酒都很適合的調味。　　神奈川・橫濱　燒肉　AJITO総本店

DATA	
部　位	豬胃
品　種	日本國產豬
分　量	100g

名菜！
輕量級
牛內臟碗

1320日圓

為老是不知道該點什麼的人開發出來的菜品。每天輪換提供五種不同口感的綜合內臟肉。以醃肉醬抓醃後，盛放到調理碗中，撒上白芝麻與蔥花。不用盤子而是使用調理碗的盛放方式，使料理更能融入現場輕鬆小酌的酒館氛圍。亦備有量多版的「重量級500g」（2640日圓）。

東京・立川市　燒肉酒場　すいびや

DATA	
部　位	牛肝、牛心、牛皺胃、牛重瓣胃、牛大腸
品　種	日本國產牛
分　量	250g

白【新鮮內臟】

880日圓

以大阪的大眾燒肉店為經營形象的「のんき」店內，以搭配米飯一同享用的醬烤燒肉為主。此道內臟肉結合五～六種推薦部位，以重口味甜辣醃肉醬抓醃。加上一塊屬於海鮮的烏賊，是該店對還會提供蝦子或烏賊燒烤料理的下町燒肉表達的致敬。

東京・濱松町　たれ燒肉　のんき　浜松町店

DATA	
部　位	牛肝、牛小腸、牛瘤胃、牛蜂巢胃、牛舌下等部位
品　種	日本國產牛、進口牛
分　量	200g

增量版鹽烤內臟

977日圓

知名菜品「鹽烤內臟」（418日圓）的增量版。僅首次點餐時可以點購，以三人份約300g的實惠價格提供。此道內臟肉菜品由日本國產豬的小腸、大腸與豬胃組合而成。數樣內臟結合在一起，可享用到多樣化的口感與風味。以大蒜與特製香料混合而成的調味料進行調味。是一道吃習慣就會愛上的超人氣菜品。　　東京・澀谷　0秒レモンサワー®　ホルモン燒肉酒場　ときわ亭　渋谷店

DATA	
部　位	豬小腸、豬大腸、豬胃
品　種	日本國產豬
分　量	300g

小牛胸腺

132日圓

小牛胸腺有一種綿軟的特殊口感，魅力在於其富含脂肪而多汁的好味道。屬於燒肉店內相當罕見的部位，有不少顧客就是衝著其珍稀度而點餐的。　　大阪・北新地　立食燒肉　一穗　第二ビル店

DATA	
部　位	小牛胸腺
品　種	日本國產牛
分　量	15～17g

牛太陽穴

165日圓

在牛臉部周圍的肉中，屬於時常會活動到的部位，肌肉十分發達。相當具有嚼勁，能品嚐到牛肉濃郁的風味。劃上刀痕，充分享用牛肉隨著咀嚼於口中擴散開來的鮮甜美味。　　大阪・北新地　立食燒肉　一穗　第二ビル店

DATA	
部　位	牛太陽穴
品　種	日本國產牛
分　量	15～17g

🐷 炙烤豬頸肉

1500日圓

豬脖頸一帶的肉。色澤粉嫩漂亮的肉中帶著雪白脂
肪，近年來作為燒烤食材逐漸變得較為普遍。該店
先將肉片切得極薄，再以看上去顯得輕柔飄逸的立
體擺盤凸顯與其他店家的不同。呈現出來的視覺效
果令不少顧客大感驚艷。沾取橙醋吃起來更顯清
爽。

埼玉·埼玉市　燒肉　高麗房　大宮店

DATA	
部　位	豬頸肉
品　種	日本國產豬

蒜泥胡椒豬頸肉 🐷

690日圓

鋪上50～60g大蒜泥的豬頸肉，是一道從員工餐發展
出來的菜品。比起男性客群，其蒜香帶勁的味道更加受
到女性青睞，是一道人氣菜品。蒜泥下面有6～7片薄
切豬頸肉片，最後再撒上大把黑胡椒。與店裡的招牌飲
料檸檬沙瓦也非常對味。

東京·大崎　燒肉ホルモン　BEBU屋　大崎店

DATA	
部　位	豬頸肉
品　種	日本國產豬
分　量	80g

「羊肉」

本身沒什麼羊騷味且肉質柔嫩的小羔羊（Lamb）最適合作為燒烤食材使用。有些燒烤店會把烤羊肉拿來當作招牌菜，以成吉思汗烤肉結合一般燒肉的銷售方式推廣嶄新的燒肉魅力。

網烤　生羊嫩里脊

一人份920日圓　※照片為二人份

紐西蘭產小羊里脊肉盛放於盤中，淋上鹽醃醬以手均勻抹上。能立刻端菜上桌不讓顧客久候也是這道菜的特色之一，提供先用烤網烤著吃，再轉移到成吉思汗鍋的點餐提案。在檸檬沾醬裡增添稠度以便於沾取享用，更在其中放入整片檸檬切片讓風味更佳。

東京・町田市　燒肉　がみ屋

帶骨羊小排

每塊880日圓

以鹽醃調味醬、鹽巴、黑胡椒進行事先調味，從帶脂一側開始燒烤。接著放平炙烤到一定程度以後翻面再烤，大約花上10～15分鐘使其充分受熱。期間不忘以平底鍋倒扣在上面進行燻烤。以前會在顧客桌前現烤，但後來因為煙太大而改成在廚房裡燒烤。豪邁的帶骨羊排帶來不少人氣。

東京・町田市　燒肉　がみ屋

麻辣鮮香成吉思汗
300日圓

名菜成吉思汗（味噌）
250日圓

名菜成吉思汗（鹽味）
250日圓

高麗菜沾醬
350日圓

同樣能作為小菜享用的一道菜品。用小煎鏟將高麗菜絲剁碎，與專用沾醬混合均勻。依個人喜好添加大蒜泥與辣椒粉。

成吉思汗選用生小羊肉，備有三種不同風味。「麻辣鮮香」以孜然與辣椒粉調味，是嗜辣者難以抗拒的一道菜品。味噌風味以令人上癮的好味道深獲好評。其中最受歡迎的是僅以鹽巴調味的基本菜品。附上生洋蔥切片，搭配高麗菜沾醬一起享用。

東京・池袋　大眾燒肉　コグマヤ　池袋店

左：岩手縣奧州市江刺產Hogget（JA江刺）　右：山形縣庄內產Hogget（羽黑緬羊）

3200日圓（未稅）　　　　　　　　　　　3400日圓（未稅）

使用成吉思汗鍋，由店員協助燒烤。以小卡片標明羊肉產地。岩手縣產為前酪農家所養小羊的里脊肉，特色在於帶有脂肪且肉質多汁。山形縣產則是以「だだちゃ豆」毛豆所養小羊的肩胛與腿肉部分。充分享受瘦肉的濃郁風味。「Hogget」為12個月以上未滿24個月的小羊。

東京・麻布十番　羊SUNRISE

澳洲產
天然放牧・Lamb

2200日圓（未稅）

以禾本科植物與豆子等高營養價值的飼料養出來的小羊嫩里脊肉。具有濃醇風味。

東京・麻布十番　羊SUNRISE

使用成吉思汗鍋以羊脂搭配蔬菜一同炙燒羊肉。蔬菜使用茨城縣土浦產的蓮藕、青森縣產的蕪菁等時令蔬菜。蓮藕、洋蔥、季節性蔬菜這三項為基本組合，也有不少顧客會再加點。

沾醬使用土浦市風味清爽的特產醬油「紫峰」為底，凸顯羊肉的鮮甜美味。還能搭配辣椒油、辣椒粉、岩鹽享受口味變化的樂趣。

綜合拼盤

由店家自行推薦的肉品部位比例均衡組合而成的綜合拼盤，滿足了顧客「想少量多樣品嚐」的需求。在華麗擺盤設計與調味的巧思之下，使得拼盤肉品一舉成為不少燒肉店的招牌菜。

川岸牧場產神戶牛三樣拼盤

單點2420日圓　※為套餐中的一道菜，單點需二人份以上方可點餐

選自神戶牛後腿股肉心、上後腰脊蓋肉、肩胛肉的三樣拼盤。由於這是整份套餐中最能品嚐牛肉原味的一道肉品，因而使用自川岸牧場採購回來的牛肉。雖然比較推薦搭配鹽巴或山葵泥來享用，但與醬油基底卻風味清淡的店家自製沾醬也十分對味。

愛知・名古屋　柳橋燒にく　わにく

DATA	
部　位	牛後腿股肉心、牛上後腰脊蓋肉、牛肩胛肉
品　種	神戶牛

老哥極品拼盤

3000日圓

推薦的四樣燒肉拼盤。照片自左至右分別為極品牛舌、極品牛橫膈膜、牛里脊肉（內腿肉）、上等牛五花肉（腹脇肉）。橫膈膜與里脊肉為固定品項，再搭配牛腹肉（後腰脊翼板肉、肩胛小排）、牛後腿股肉、牛肩肉等其餘部位。由於店內的牛舌與內臟菜品同樣很受歡迎，所以有不少顧客會點上這一盤精肉，接著再單點來享用。

東京・新小岩　炭火燒肉　矢つぐ

DATA	
部　位	牛舌、牛外橫膈膜、牛內腿肉、牛腹脇肉
品　種	日本國產牛
分　量	200g

ラブトン

トモサンカク

カメノコ

シンシン

特選ハラミ

カタシン

富士山劍峰拼盤

6600日圓

擺放在高達40cm特別訂製山形階梯玻璃盤上的六樣燒肉拼盤。採訪當時各為下後腰脊角尖肉、上等肩胛肉肉心、後腿股肉心、下後腰脊球尖肉、下肩胛肋眼心、外橫膈膜。撒上少許鹽巴與胡椒的肉片以每人兩片的分量提供，沾取特製沾醬享用。還會將乾冰放入熱水之中營造出一場煙霧繚繞的視覺饗宴，是一道象徵店名由來富士山的招牌拼盤菜品。照片為二人份。

東京·澀谷　燒肉　富士門

DATA	
部　位	牛下後腰脊角尖肉、牛上等肩胛肉、牛後腿股肉心、牛下後腰脊球尖肉、牛下肩胛肋眼心、牛外橫膈膜
品　種	黑毛和牛
分　量	240g

長木拼盤（增量版）

9328日圓

以具有強烈視覺衝擊力的50cm長木造容器盛放燒肉的高人氣知名菜品「長木拼盤」。長木容器出自店主之手，端上客桌便能自然而然地帶動熱鬧氛圍。店內「長木拼盤」共有五種，售價依內容而有所不同。照片是由高級部位組合而成的拼盤，為價格最高的「增量版」。透過展現一大片極品上等沙朗牛肉的擺盤方式，以豪華程度作為賣點。

大阪・池田　薩摩の牛太　池田旭丘店

DATA	
部　位	牛里脊肉、上等牛五花肉、上等牛里脊肉、牛後腰脊肉
品　種	黑毛和牛A4・A5
分　量	550g

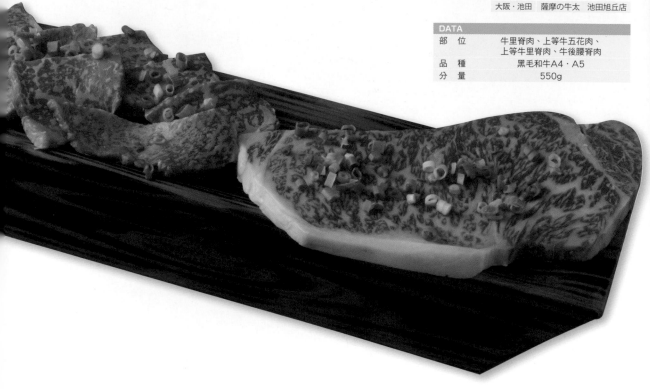

3姊妹精選拼盤

1600日圓

魅力在於充滿如生魚片般美感的擺盤設計與物超所值感十足的拼盤組合。拼盤內容每天輪換，從牛瘦肉、牛里脊肉、牛五花肉中挑選想提高點購率的部位拼組成盤。照片由上而下分別為薄切牛肩胛板腱肉、味噌醬醃厚切牛腹脇肉、單面劃上刀痕的4mm厚牛上肩胛肉。附上切碎的山葵莖、香酥蒜片、鹽昆布、岩鹽、沾醬，依個人喜好口味沾取享用。　兵庫・神戶　やきにく3姊妹

DATA	
部　位	牛肩胛板腱肉、牛腹脇肉、牛上肩胛肉
品　種	黑毛和牛A4

事先調味有醃肉醬與鹽巴兩種。推薦瘦肉類以鹽巴調味，霜降類以醃肉醬調味。以昆布高湯底加入醬油與三溫糖等調味料製作而成的醃肉醬味道尤其下飯。鹽巴則是選用味道溫醇不死鹹的廣島產藻鹽。

田村牛　6樣綜合拼盤

6600日圓

選用以田村牛為主的雌黑毛和牛A5等級優質牛肉。照片即是以田村牛稀有部位組合而成的人氣菜品。而實現美味燒肉配上香甜米飯一同享用這種少見概念的，正是收到點餐就開始炊煮的「土鍋飯」。

東京・青山　燒肉荷爾蒙　青一

DATA	
部　位	牛下後腰脊球尖肉、牛後腿股肉心、牛肩胛里脊肉、牛上後腰脊肉、牛上後腰脊蓋肉、牛上肩胛肉
品　種	雌黑毛和牛A5

バクロ特選部位組合

7128日圓　※照片為三～四人份

發揮採購一整頭牛的優勢，不吝於供應稀有部位，組合成極品上等拼盤。這道由瘦肉以及富含油花的部位比例均衡組成的五樣拼盤，因為是店家自選部位，所以具有可視庫存狀況靈活安排最佳享用時機的優點。

福岡・博多　やきにくのバクロ　博多店

DATA	
部　位	牛腹脇肉、牛內側後腿肉、牛肋眼心、牛下後腰脊球尖肉、牛後腿心
品　種	黑毛和牛
分　量	500g

燒肉特餐組合

4980日圓

上等牛五花肉、上等牛橫膈膜、上等牛里脊肉、上等鹽烤牛舌、厚切牛橫膈膜所組合起來的「特選燒肉」五樣拼盤裡還搭配了數樣蔬菜。每樣肉的分量皆為90g。最適合想在父親節、母親節這些值得慶賀的日子裡慶祝一番的家庭客群，充分掌握地方上的需求。

群馬・藤岡市　燒肉飯店　万福苑

DATA	
部　位	牛五花肉、牛外橫膈膜、牛舌、牛里脊肉
分　量	450g

雌黑毛和牛A4全牛7樣拼盤

一人份2739日圓 ※照片為三人份7139日圓

將購買全牛的魅力以充滿魄力的階梯狀拼盤來呈現。❶牛肩胛小排切成厚切肉片，令口感更好。以鹽巴與胡椒調味。 ❷在牛瘤胃的雙面充分劃上刀痕後，切成薄塊。搭配鹽味沾醬。 ❸牛肋脊肉以鹽巴與胡椒調味。 ❹為充分享用到牛大腸脂肪的美味，切得稍微大塊一點。搭配味噌醬調味。 ❺牛橫膈膜厚切並搭配鹽巴與胡椒。 ❻在瘦肉中也十分具有口感的牛肩胛里脊肉切成大而薄的肉片。 ❼牛上後腰脊蓋肉薄切後，以醬汁進行事先調味。 ※會視當日狀況變更部位。

東京‧澁谷 USHIHACHI 渋谷店

DATA	
部 位	牛肩胛小排、牛瘤胃、牛肋脊肉、牛大腸、牛外橫膈膜、牛肩胛里脊肉、牛上後腰脊蓋肉
品 種	雌黑毛和牛A4

コプチャ

シマチョ

牛ハツ

マルチョウ

ミノ

牛レバー

ホルモン

シロコロ

コブクロ

主廚精選9樣拼盤

3168日圓

牛內臟選用附有全牛購買證明（個體識別號碼）的和牛
內臟。配合豬內臟組合成當天推薦的主廚精選拼盤。因
為是購買整頭牛，所以一定會盛裝量較多的小腸，相對
的也會讓顧客挑選一項喜愛的部位。其他則會依進貨狀
況調整品項內容以降低食材耗損。分量合計達450g。

東京・世田谷區　壺ほるもん

DATA	
部　位	牛心、牛大腸、牛小腸、牛肝、牛瘤胃、丸腸、豬子宮、一口大腸、新鮮內臟
品　種	和牛、日本國產豬
分　量	450g

老弟內臟拼盤（6樣內臟）

2000日圓

自左上角順時針方向分別為豬喉軟骨、豬心、豬太陽穴、牛肚
條（蜂巢胃與重瓣胃的銜接處）、新鮮內臟（牛小腸）、上等
牛瘤胃。豬內臟搭配風味顯得清爽的鹽醃調味料，牛內臟則裹
上自製味噌醃肉醬供應。內臟肉會切得大塊一點，享用脂肪入
口即化的美味。　　　　　　　　東京・新小岩　炭火燒肉　矢つぐ

DATA	
部　位	豬喉軟骨、豬心、豬太陽穴、牛肚條、牛小腸、牛瘤胃
分　量	200g

一吃上癮口感大比拚

869日圓

這道內含牛、豬、雞橫膈膜的綜合拼盤是八成
以上顧客都會點上一盤的超高人氣菜品。能夠
品嚐並比較多樣化口味這一點備受好評。豬用
的是上州豬，雞則是但馬雞等品種。

大阪・西中島南方　豊後牛ホルモンこだわり米匠

DATA	
部　位	牛外橫膈膜、牛內橫膈膜
品　種	豊後牛、進口牛
分　量	120g

燒肉店的套餐料理

東京・銀座
燒肉 excellent 銀座店 的

以 "世界三大珍饌" 與
"極致佳餚" 點亮繽紛冬季
「白松露套餐」
3000日圓（含稅）

展現「燒肉料理本色」
世界三大珍饌與絕佳美饌

充分展現人氣燒肉店「燒肉トラジ」累積培養出來的燒肉技術的頂級餐廳「燒肉excellent銀座店」。該店將「世界三大珍饌」加進燒肉之中，以期間限定的方式提供使用冬季香氣最為濃郁的白松露所製成的套餐。這套「白松露套餐」即是活用三大珍饌所構築出來的一系列菜品。例如在第一道菜品的「鮑魚輕燉飯」裡添加白松露讓人留下深刻印象，或是用風味芳醇的魚子醬搭配牛舌。經過真空低溫烹調的新鮮肥肝則是與夏多布里昂搭配在一起，烹調成羅西尼風牛排。

黑松露搭配壽喜燒燒肉版黑毛牛肩胛板腱肉，更進一步帶出和牛的鮮甜美味。

另一方面也透過以韓式牛骨湯炊煮米飯、用牛骨湯燉煮軟嫩牛尾至收汁再炙烤的方式，提供充分展現燒肉料理本色的好味道。此外，店內用到的牛肉同樣採用來自トラジ㈱自家牧場育肥而成的A5等級トラジ和牛。除此之外，需另外加熱烹調的肉類菜品，會由每桌專賣店員協助燒烤，以各部位最佳的熟度提供。

1.
鮑魚輕燉飯
佐阿魯巴產白松露香

使用以韓式牛骨湯炊煮出來的米飯，燉煮成鮑魚粥，加入少量起司製作成燉飯風格。最後再撒上香氣濃郁的白松露供應。套餐一開始就以白松露的芳醇味道在顧客心中留下深刻印象，同時也希望將熱氣四溢的米粥擺在前菜的位置，讓冬季上門的顧客放鬆心情。

2.
トラジ
和牛後腰脊生火腿
～綜合水果佐莓果醬

將位於埼玉トラジ自家牧場所飼養出來的和牛後腰脊肉，整塊鹽漬熟成約一個月左右。薄切後盛放於盤中，擺上切成細丁狀的蘋果、奇異果、哈密瓜、草莓、火龍果一同享用。附上莓果醬。

4.
特選鹽烤雙享　特級牛舌
佐義大利魚子醬＆柚子苦椒醬

5.
羅西尼風黑毛和牛夏多布里昂
佐鮮肥肝

在沙拉之後提供的鹽烤燒肉。全程由餐廳店員負責燒烤。取牛舌對半分切，一半以小火慢慢加熱將肉烤得軟嫩，塗上魚子醬供應。另一半以大火炙烤出彈嫩口感，搭配添加了柚子胡椒清爽味道的苦椒醬一起享用。夏多布里昂也以小火頻繁來回翻面將肉烤得軟嫩，再將事先以低溫加熱好的法國產肥肝放到烤爐上面炙烤以後疊放在一起。加上烤出肥肝油脂這個步驟，搭配夏多布里昂一起享用就能品嚐到肥肝的鮮甜美味而不會顯得過膩。

該店雇有精通燒肉的「侍肉師」,具肉品專業知識與熟練技術,能依部位烤出狀態最合宜的美味熟度。

牛舌使用肉質上佳的舌芯部分。特意不切斷纖維而是平行切片,讓每片的大小與肉質相差無幾。

3.
高知縣產水果番茄
時令海鮮排毒沙拉　佐香草沙拉醬

鮭魚卵、蝦仁、蟹肉等海鮮搭配水果番茄、萵苣等蔬菜,淋上添加了香草植物的沙拉醬享用清爽風味。也在菜名中強調香草植物的排毒效果。

6.
黑毛和牛後腰脊
「炙燒霜降」海鮮千層
黑糖風味煮切醬油

讓高齡顧客也可無負擔地享用脂肪含量較多的後腰脊肉而設計出來的菜品。整塊後腰脊密封成真空包裝,以60℃加熱5小時。再將肉切成薄片,稍微炙烤一下逼出油脂,如千層派般疊放盛盤。放上海膽、鮭魚卵、魚子醬、干貝、蟹肉,營造出奢華款待的感受。以添加黑糖的煮切醬油帶出更具深層次的香甜味道。

8.
黑毛和牛肩胛板腱 「壽喜燒烤肉」佐冬松露香

成為套餐重點菜品的壽喜燒烤肉使用切成一大片的肩胛板腱肉。和牛壽喜燒容易顯得油膩，但肩胛板腱所含油花恰到好處，脂肪品質也十分適用於壽喜燒烤肉。由店內員工在顧客面前烹調後提供。於調味醬汁裡加進八丁味噌提味，更添濃醇風味。

製作方法

把肉放回鐵鍋之中，加入調味醬汁稍微煮上片刻，放入盛有蛋黃的容器當中。

將專用鐵鍋放到烤爐上面預熱，充分塗抹松阪牛的脂肪再放上肉片。快速炙燒一下即可夾離，避免肉片收縮。

淋上少許殘留於鐵鍋中的調味醬汁，最後再點綴現刨白松露。餐點還附上一口大小的米飯，以生蛋拌飯的吃法淋上剩餘的醬汁一同享用。

7.
黑毛和牛佐煙燻魚子醬版韃靼牛肉

在壽喜燒烤肉前提供的「魚子醬生肉拌飯」。以魚子醬的罐裝容器作為盛裝器皿，先盛入以韓式牛骨湯炊煮出來的米飯，鋪上剁成粗絞肉狀的韃靼牛肉風松阪牛後腰臀肉，接著再盛上魚子醬與蛋黃。後腰臀肉使用下後腰脊角尖肉、上後腰脊蓋肉、後腿股肉心等部位。稍微炙燒逼出多餘油脂，拌入吃起來順口的生拌牛肉醬汁一起品嚐。

9.
火烤牛骨湯燉
トラジ和牛尾
佐自製橙醋

能在享用完壽喜燒烤肉之後，起到去味解膩的作用。用壓力鍋將トラジ和牛的尾巴加熱煮得軟嫩，確實保留牛骨、額外的脂肪與膠質。以韓式牛骨湯煮至收汁，再用瓦斯噴槍炙燒表面後供應。搭配自製橙醋吃起來更為清爽。以細心的烹調方式，將普遍給人大眾化印象的牛尾製作成高級套餐裡的一道佳餚。

10.
日本國產牛
外橫膈膜排
佐冬松露香肉汁醬

經低溫烹調的外橫膈膜搭配添加松露的肉汁醬一起供應。最後再點綴幾片現刨白松露增添香氣。壽喜燒烤肉之類的料理是由店員利用客人桌上的烤爐烹調，作業過程不僅費時也費工，所以也會巧妙穿插供應直接在餐廳廚房加熱調理好的肉料理，以此避免上菜時間過長的狀況。

11.
黑毛和牛里脊肉與海鮮「冬季寶石盒」牛腹肉散壽司

以色澤鮮豔的牛腹肉散壽司作為收尾料理。牛里脊肉選用菲力側肉的部分，搭配燒肉醬一起炙烤後盛盤。米飯使用壽司醋飯，擺上蛋絲、紅蘿蔔、小黃瓜、牛蒡、蝦仁、蟹肉。以韓式大骨湯炊煮米飯的同時，也少量添加到燒肉醬中，讓燒肉料理所具有的美味與食材融為一體。每一人份的壽司飯足足有150g。

套餐內容
1. 前菜（泡菜、沙拉、生拌牛肉）
2. 四樣鹽烤燒肉
3. 漢堡風串燒
4. 美味鮮涮肉
5. 三樣醬烤燒肉
6. 咖哩或涼麵
7. 布丁

套餐分為11000日圓、13200日圓、16500日圓三種。套餐的基本架構都相同，只是肉的等級與數量會有所不同，部位也會依當日主廚推薦內容而變動。13200日圓以上的套餐因為提供小塊鹽烤牛排而博得高人氣。

於牛肉最佳享用狀態即時供應
提供全程代烤服務的燒肉套餐

由店主須藤悅男先生接連推出的燒肉套餐，採用「全程代烤」的方式供應，藉此讓顧客都能享用到最佳燒烤狀態的燒肉。以九州產牛隻為中心，嚴格選用脂肪質量較佳的雌黑毛和牛。「如果以單點形式供應，就算店裡選用的是上等優質牛肉，只要顧客不點餐就無法讓他們品嘗到這種美味。」基於這種想法，直到晚上九點為止的用餐時段都只提供套餐。正因為採用套餐形式供應，才能分毫不浪費地提供以精湛肉品加工技術處理過的牛肉。

其中「鹽烤燒肉」與「醬烤燒肉」兩道燒肉拼盤是套餐的重點菜品。每樣肉品皆由被稱為侍肉師的店員一片片烤好，並搭配最能帶出每樣肉品美味的調味佐料與沾醬。

雖然光是燒肉就已經具備令人吃也吃不膩的調味變化，但套餐裡也安排了幾樣過場料理，穿插供應泡菜、沙拉以及生拌牛肉、創意串燒、涮牛肉這類令人備感驚喜又吃得開心的菜品。於博多、熊本二店提供如此別具一格的燒肉套餐，獲得尋求非日常生活饗宴的成年客群支持。

檢視以肉塊進貨的牛肉狀態，決定好是要用於鹽烤或醬烤再做分切。

使用餐桌上的日式烤爐細心燒烤的同時輔以肉品部位解說，現場調味後供應。

1.
前菜（泡菜、沙拉、生拌牛肉）
最先端出的三樣前菜為固定菜式。韓式蔬菜沙拉以及韓式白菜泡菜、蘿蔔泡菜、小黃瓜泡菜組合而成的綜合拼盤，還可在享用肉類的過程中作為解膩小菜享用。因領有日本保健所核發的許可證，所以也提供生拌牛肉，讓顧客先行享用牛肉本身的甘甜鮮美。

2.
四樣鹽烤燒肉

把想讓顧客嚐出肉味十足美味的部位用於鹽烤。切成厚片能在細嚼之間充分感受到牛肉的鮮甜滋味。按部位佐附的調味佐料同樣經過一番費心的事先安排。一口大小的牛排特意僅以鹽巴調味，直接享用優質牛肉的鮮美。

上等優質牛肉烤過頭無異於暴殄天物。燒肉的部分一律由被稱為侍肉師的店員負責在桌邊提供熟度最佳的燒烤成品。

上後腰脊肉
×
洋蔥糊

牛舌
×
青蔥煎烤後研磨而成的細粉

牛後腰脊肉
×
岩鹽

牛外橫膈膜
×
煙燻醬油
佐蔥・紫蘇葉・蘘荷

先享用味道清爽的鹽烤風味，品嚐比較牛肉不同部位的原始美味。再連同調味佐料一口吃下。

3.
漢堡風串燒

獨特的創意串燒在此亮相。將牛肉和培根、萵苣、番茄、酸黃瓜、洋蔥串成一串。搭配麵包粉和番茄美乃滋一起享用，就像是在吃漢堡一樣。是一道能帶起熱鬧氛圍的歡樂菜品。

4.

美味鮮涮肉

隨季節變換而改變吃法的涮肉料理。採訪當天提供的是冷製涮肉佐冬瓜糊。意在享用醬烤燒肉之前讓味蕾清爽一下。

5.

三樣醬烤燒肉

牛肉按稀有部位、脂肪合宜、瘦肉的最佳比例組合成一盤。為了讓醬汁更能融入肉片之中而切成薄片，與此同時也切得大片一點保留吃起來的分量感。三樣牛肉分別快速炙烤並搭配各有特色的沾醬與吃法來享用。採訪當天還端出了以牛丼形式享用最高級稀有部位夏多布里昂的極品料理。

7.
布丁

甜品部分提供風味醇香而入口即
化的經典奶香布丁。可以外帶，
因而也有不少顧客會買來作為伴
手禮。

6.
咖哩或涼麵

收尾料理提供兩種選擇。在柴魚片、昆布、魚乾熬煮出來的和
風高湯中放入熊本產「天草大王」土雞高湯和十六種辛香料製
作而成的道地咖哩，還放了大量的和牛邊角肉。口味清爽的盛
岡涼麵也同樣添加柴魚高湯與土雞高湯增添鮮甜美味。

以醬烤方式提供燒肉的收尾
料理。藉由提供多種口味來
變化、以避免顧客吃膩，直
至最後一片都能充分享受燒
肉之樂。

夏多布里昂
×
微辣醬汁加白飯

牛後腰脊肉
×
沾醬

牛後腰臀肉
×
壽喜燒醬汁加蛋

鐵板烤盤為客製化產品，在表面設計數道溝紋，能令肉品表面烙上漂亮烤痕。設有流出肉汁的滴油孔洞，搭配能讓肉汁滴入燒肉沾醬的盤面傾斜設計。隨著不斷炙烤肉片，沾醬的風味也會變得更加濃醇。

以芳醇鹽味→黑沾醬→收尾料理構成的簡潔套餐，享受美味內臟

「ホルモン千葉」燒肉店以搭配味濃醇香的秘傳醬汁一同享用的內臟套餐博得眾多人氣，點餐率達百分之百。其套餐內容十分單純，首先會在顧客入座後，將特製鐵板烤盤與沾醬擺放到顧客桌上。重點在於傾斜烤盤好讓流出來的肉汁可以滴進沾醬碗中。先從已用蒜香四溢的鹽醃調料調味過的「芳醇鹽味」五樣內臟肉開始炙燒，待大致烤熟再放入豆芽菜與蔥花一同拌炒。吃完這道料理之後，會先更換一次鐵板烤盤，再接著炙烤以味噌與醬油為底的「黑沾醬」做調味

的四樣內臟肉。混合翻炒肉汁、蔬菜湯汁、燒肉沾醬，搭配豆芽菜與蔥花一同享用。供應的內臟肉皆劃上更易於咬斷的刀痕。店員會適時給予提醒，讓顧客在最佳炙烤熟度享用美味。最後再以炒烏龍或炒油麵作為收尾料理。使用烤肉期間不斷滴入肉汁與蔬菜湯汁而逐漸提升美味程度的沾醬來炒麵。其美味程度同樣在顧客心中留下深刻印象。

1.
芳醇鹽味
「芳醇鹽味」中有牛肋條五花肉、牛丸腸、豬聲帶、豬脖肉、豬喉頭肉等五種內臟肉。使用以大蒜、芝麻、鹽巴等混合而成的鹽味醬以鹽醃調料稱呼更為恰當。調配成蒜香濃而口味重的味道，而非普遍印象中風味清爽的鹽味，藉此提高和內臟肉的契合度。

2.

黑沾醬

「黑沾醬」混合數種味噌，加入醬油、砂糖等調料發酵而成。使用到牛心、豬頰肉、牛小腸、牛皺胃四樣內臟肉。略帶獨特味道的內臟肉也會在「黑沾醬」的味噌作用下，完全蓋過那股獨特味道。甜甜鹹鹹的濃醇風味也非常下飯。

沾裹醬汁

燒烤方式

沾附上沾醬可以讓味道更為濃厚。邊混合翻炒肉汁、蔬菜湯汁、燒肉沾醬邊享用豆芽菜與蔥花，能讓美味程度加倍。

更換鐵板烤盤後，接著燒烤「黑沾醬」。由於容易烤焦，所以烤到一定程度以後，要沾裹一下放在烤盤下面的燒肉沾醬，維持「醬烤」的狀態。

一開始先炙燒「芳醇鹽味」的肉。待肉大致烤熟以後，擺上豆芽菜與蔥花，在沾附肉汁的同時一邊享用。鹽醃調料也可一同盛放上去，依個人喜好調整鹹度。

用滴入肉汁的沾醬來調味

待肉吃完後更換鐵板烤盤，稍微翻炒烏龍麵與豆芽菜，做出類似堤防的狀態，倒入內含肉汁的燒肉沾醬。醬汁遇熱滋滋作響的聲音猶如一場盛宴。

燒肉沾醬均勻拌入烏龍麵裡，拌炒成炒烏龍麵，在正中央打入雞蛋，擺上蔥花。整體翻炒均勻完成炒烏龍麵。依喜好撒上山椒粉。

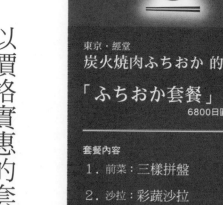

套餐內容

1. 前菜：三樣拼盤
2. 沙拉：彩蔬沙拉

六樣燒烤

3. 〈醬烤〉牛後腰脊肉
4. 〈鹽烤〉兩樣特選部位
5. 〈醬烤〉三樣特選部位
6. 清口小菜：和牛高湯橙醋漬蘿蔔絲
7. 單品料理：黑毛和牛炸肉餅
8. 收尾：涼麵

以價格實惠的套餐，提供名店食材處理技術與高品質牛肉

自二〇一七年開業經營的「炭火燒肉ふちおか」，短短一段時間就在曾於知名燒肉店「燒肉なかはら」累積研習經驗的店主淵岡弘幸先生的高超肉品技術下，一躍成為高人氣店鋪。

該店使用的牛肉為A5等級雌黑毛和牛，進貨之際會對食用後餘味清爽的脂肪品質多有講究。如此高品質牛肉會先徹底剔除筋與多餘脂肪，再切成能充分展現油花分布、水潤度、肉質狀況的美麗切片做供應。

其中能以實惠價格享用到運用該項技術供應的「ふちおか套餐」。

（六千八〇日圓），有八～九成的顧客都會選擇點購。套餐中以醬烤、鹽烤、醬烤的順序提供六樣燒肉。每樣肉品皆是收到點餐之後再做手工分切。擁有入口即化的甘甜油脂魅力的牛後腰脊肉，切成厚度達1㎜以下能展現美麗大切面的極薄肉片，快速沾裹一層醬汁。不易吸附醬汁的牛外橫膈膜則是採取厚切並沾取鹽巴的享用方式，按部位提供最佳分切厚度與吃法。於燒肉料理前後提供的前菜拼盤與名菜炸肉餅等用心製作的單品料理同樣別具魅力。

牛肉會等收到點餐以後再做手工分切。依部位與個體之間的差異，切出最合適的厚度。照片為宮崎牛的肩胛板腱肉，一片片整齊地切成如葉般的美麗切片。

1.

前菜：三樣拼盤

自左而右分別是韓式牛蒡泡菜、黑毛和牛味噌肉燥、韓式綜合涼拌菜。如下酒菜一般的小菜內容，可享用到多樣搭配組合。

2.

沙拉：彩蔬沙拉

為了讓燒肉吃起來更顯美味，提供的蔬菜沙拉會淋上以紅蘿蔔與洋蔥製作而成的無油自製沙拉淋醬。

3.
〈醬烤〉牛後腰脊肉

套餐中必不可缺的經典肉品。切
成厚度在1mm以下的極薄肉片，
沾附醃肉醬後提供。雙面皆快速
炙烤5秒後享用。

4.
〈鹽烤〉兩樣特選部位

能享用到不同口感與味道的兩樣
肉品。照片分別為牛外橫膈膜與
上肩胛肉。厚切的外橫膈膜需頻
繁來回翻面，充分炙烤後享用。

5.
〈醬烤〉三樣特選部位

由於喜食瘦肉的顧客為數不少，所以比例均衡地將瘦肉與富
含油花的部位組合在一起。自照片外側順時針方向分別為下
後腰脊球尖肉、肩胛板腱肉、後腿股肉心。

**自左起分別為燒肉沾醬、大蒜醬油、
柚子胡椒。質地清爽的沾醬能更加凸
顯牛肉的鮮美滋味。**

6.
和牛高湯橙醋漬蘿蔔絲

作為清口小菜供應的醋漬蘿蔔絲裡，使用了以和牛高湯底製成的橙醋作為調味，以此增添風味溫和的鮮甜美味。完成這道味道清爽又令人印象深刻的小菜。

8.
涼麵

選用麵體為細麵的盛岡涼麵，以此來提供清爽而順口的收尾料理。秋冬季節則提供「時雨煮 高湯茶泡飯」。

7.
黑毛和牛炸肉餅

活用處理食材時剩餘的黑毛和牛邊角肉製作而成的炸肉餅。以鹽巴、胡椒調味並整形成圓球狀，不沾醬即可直接品嚐牛肉的鮮甜美味。

CHAPTER 4

燒肉店的單點料理

大白菜泡菜

570日圓

就連享用燒肉必不可少的泡菜，也是店家獨家手工製作。將白菜葉一片片攤開來風乾製作而成的這道泡菜，有著極具特色的清脆口感。因為添加生薑提味並減少鹽分含量，更能嚐到白菜本身的鮮甜而備受好評。提供線上購物服務，讓顧客在家中也能享用。

福岡・西中洲　龍園　西中洲店

特製淺漬泡菜

650日圓

事先備妥切好的生白菜心，接到點餐之後再快速拌入自製淺漬調味粉、麻油、醬油、白芝麻，擺盤成小山般的樣子。因能嚐到其他地方吃不到的新鮮爽脆口感而深獲好評，吸引不少回頭客點餐。

東京・新小岩　炭火燒肉　矢つぐ

蔬菜有著燒肉所欠缺的脆嫩口感與鮮翠清爽，是讓燒肉美味更上一層樓的必備菜品。雖然位居配角地位，但只要在食材運用與擺盤上面費些工夫，也能營造出華麗豐盛的氛圍。

特色菜品大白菜生泡菜

650日圓（未稅）

這是一道收到顧客點餐以後，再將切好的大白菜拌入
自製調味佐料中製作而成的「겉절이〔geotjeol-i〕」
（淺漬泡菜）。而這樣的做法能直接品嚐到大白菜
的新鮮與清脆口感。雖未經發酵，但卻能藉由鮮味
與辣味配比均衡的調味佐料加深整體味道的層次
感。

東京・用賀　燒肉　星山

韓式泡菜醬醃梅

528日圓

將以蜂蜜醃漬的紀州南高梅製成的梅乾，放到特製泡菜
醃醬裡面醃漬一天。泡菜醬的辛辣、蜂蜜的香甜與梅乾
的鹹酸揉合在　起，成為　道味道非常下飯的菜品。因
為能起到轉換味覺的作用，所以也被拿來作為吃燒肉時
的解膩小菜。每份兩顆梅乾，照片為二人份。

東京・澀谷　燒肉　富士門

韓式辣醬拌酪梨

389日圓

該店時常備有以辣椒、大蒜、生薑、洋蔥、蘋果等食材調製而成的自製「醃料」，依顧客點餐需求取醃醬拌入大白菜、
毛豆等食材現做的「生泡菜」相當受到歡迎。照片中的拌酪梨更是一道十分受到女性喜愛的菜品，微辣的調味與
酪梨厚重濃醇的風味尤其對味。

千葉・流山大鷹之森　宮崎牛一頭買い　燒肉issa　おおたかの森店

綠意叢生胡麻小黃瓜

429日圓

以小黃瓜、芝麻、柴魚片組合而成的簡易小菜。另外附上壺底醬油。單單改變菜名和擺盤方式就成功提升點餐率。　　　大阪‧池田　薩摩の牛太　池田旭丘店

甘甜高麗菜！

319日圓

盛入小山般的高麗菜絲，再淋上特製淋醬的一道小菜。令人一吃上就上癮的美味，使其成為績點不斷的人氣商品。　　　大阪‧池田　薩摩の牛太　池田旭丘店

石鍋豆芽湯

429日圓

使用成本價較低的豆芽菜製作而成的一道「吸睛菜品」。在燒熱的石鍋裡放入豆芽菜並注入拉麵高湯之後提供。熱湯飄出的香氣與滋滋作響的聲音往往誘發接二連三的點餐。　　　大阪‧池田　薩摩の牛太　池田旭丘店

二郎韓式涼拌菜（七樣蔬菜）

935日圓

將七樣韓式涼拌蔬菜盛入花形餐盤裡供應的華麗拼盤。
除了經典的紫萁、豆芽菜、菠菜之外，還加入帶有甜味
的水果番茄與增添色彩的蘘荷等品項，在口感與風味方
面更添變化，完成這道能傳遞多彩蔬菜魅力的單點菜
品。　　　　愛知‧名古屋　A5燒肉＆冷麵　二郎　柳橋店

涼拌酪梨

580日圓

因為想用酪梨製作一道女性顧客也能開心享用的下酒菜而開發出來的，女性顧客點餐率100％的人氣小菜料理。在生拌牛肉用的辣味拌醬與辣椒糊調味而成的萬用調味料「藥念醬」中，拌入蛋黃調和出風味溫和的混合醬料，跟酪梨非常對味。撒上洋蔥絲、白蔥絲、蔥花、白芝麻與韓國辣椒粉，淋上辣醬再做供應。

東京・大崎　燒肉ホルモン　BEBU屋　大崎店

嫩芽蔬菜沙拉

638日圓

這道能在享用燒肉的過程中兼具解膩作用的沙拉料理，用到了茼蒿、水菜、紫蘇葉等七至八種色澤鮮綠且口感清脆的鮮嫩菓菜。新生嫩芽獨特的清香味道能讓口中味覺頓顯清爽，凸顯下一道即將品嚐的燒肉風味。

大阪・北新地　ハラミ專門店　北新地はらみ

藉由充分混拌讓鹹牛肉（Corned Beef）的馥郁肉香融入溫泉蛋的濃醇味道之中。於客桌上完成的馬鈴薯沙拉。

內臟匠馬鈴薯沙拉
（佐溫泉蛋
自製豐後牛鹹牛肉）

619日圓

製作出留有部分塊狀口感的馬鈴薯沙拉，搭配溫泉蛋、紅芥菜、山葵菜、紅葉萵苣、蓍蓬菜，再加上僅選用和牛的牛小腿肉製成的自製鹹牛肉。充分混拌均勻再做品嚐。

大阪・西中島南方　豐後牛ホルモンこだわり米匠

水果番茄
布拉塔起司
卡布里沙拉

1980日圓

與一樓的餐酒館共同販售的一道菜品。可讓顧客在等待肉烤好的這段期間作為前菜享用。使用義大利產起司，是一道有顧客吃完以後還會再點上一盤的人氣沙拉。也提供分量減半（1430日圓）的選項。

東京・三越前　BarBies

蘿蔓萵苣水果番茄
凱薩沙拉

1320日圓

蘿蔓萵苣本身的口感絕佳，營養價值也很高。再加上非常想讓顧客品嚐到酸甜味道恰到好處的Amela水果番茄，將這些食材運用到眾所喜愛且人氣歷久不衰的凱薩沙拉之中。麵包丁則是善加利用伴手禮炸豬排三明治用的吐司烘製而成。

神奈川・川崎　燒肉　大昌園　きんとき　GEMS川崎店

橫須賀在地鮮蔬佐自製德國香腸Simple Salad

1078日圓

將橫須賀農家直送的當地時令蔬菜盛入餐盤中。採訪當下為蕪菁、番茄、紅心蘿蔔、西洋蔬菜與香菇等鮮蔬。以烘肉卷（Meatloaf）的感覺，在絞肉中加入根莖類蔬菜等食材製作出來的自製德國香腸也分量十足。搭配巴薩米克醋一同享用。盛放在大塊木砧板營造出來的視覺饗宴也十分討人喜歡。

神奈川·橫須賀　炭火燒タイガー

生菜葉

860日圓

這是一道絕大多數顧客都會點上一盤的菜品，加入義大利料理時常會用到的芝麻菜與正值時令的西洋菜，更添豐富香氣。沾醬ⓐ為以番茄糊、辣椒醬、醬油沾醬、芝麻與羅勒青醬、油封大蒜混合在一起的調味料。ⓑ為由黑蒜泥、梅子、醋混合而成。ⓒ為醋醃青辣椒。

近來有越來越多的店家，在嚴格落實飲食安全規範的前提下，供應生拌牛肉與涼拌生肝這類在燒肉店日漸常見的人氣菜品。在此還會介紹一些以低溫加熱烹調的菜單。

極品上等蔥鹽生拌牛肉

2178日圓

特色在於視覺上由完整檸檬切片、牛腿肉、蔥鹽三層堆疊而成的美麗圓柱狀。可以享用到牛肉搭配檸檬的清爽感，以及牛肉混合蔥鹽的濃郁感雙重風味。　東京・三越前　BarBies

黑毛和牛55℃
納豆生拌牛肉

1639日圓

將低溫烹調好的生拌牛肉事先冷藏，在冰涼的狀態下享用。在上面擺上納豆與蛋黃。混合生拌牛肉的甜味醬汁與納豆用醬汁作為調味醬。　東京・澀谷　USHIHACHI　渋谷店

生拌牛肉盤

3080日圓

選用A5等級黑毛和牛上後腰脊蓋肉。煎烤已事先調味過的整塊牛肉表面，整體加熱至中央部位達75℃約
1分鐘以上，而後再薄切成片平鋪到盤子上面。一半淋上燒肉用醬汁，另一半則淋上專用鹽味佐醬，撒上杏
仁並放上蛋黃後供應。　　　　　　　　　　　　　　　　　　　　東京・淺草　浅草焼肉　たん鬼

鬼燒肉丼

2800日圓

參考蔚為風潮的「烤牛肉丼」，用肉品專家
心中最能凸顯牛肉美味的烹製手法開發出來
的一道料理。將跟「生拌牛肉盤」採用相同
製法烹調的牛肉塊切成薄片後，平鋪到米飯
上面。充滿視覺衝擊的擺盤方式也頗具話題
性。白天上門光顧的顧客有八成都會點上一
份。　　　　　　東京・淺草　浅草焼肉　たん鬼

王者生拌牛肉
1980日圓

作為前菜設計出來的高稀有價值生拌牛肉菜品。大膽地將180g的牛腿肉攤開來鋪滿整個盤子。淋上在生拌牛肉用的甜辣醬汁中加入蛋黃濃醇風味的調味醬後供應。該店為照顧想吃生肉的客群，領有日本保健所核發的許可證。最高紀錄曾一天出過二十份餐。

千葉‧船橋市　肉の匠　将泰庵　船橋総本店

神戶牛特選生拌牛肉
※搭配套餐供應（單點2640日圓）

取得生食用食用肉經銷設施許可的該店鋪中也供應生拌牛肉料理。由於愛知縣對生食用食用肉認證基準向來十分嚴苛，導致供應可食用生肉的店鋪屈指可數，該店便是利用這項壓倒性的附加價值打造出與其他店家的差異性。這道料理的特色在於特意不在醬汁添加大蒜與麻油，以此凸顯神戶牛肉質柔嫩的口感，以及高品質而無腥味的多層次風味與甘甜滋味。

愛知‧名古屋　柳橋焼にく　わにく

生拌炙燒日本國產羊

2420日圓

善加利用採低溫冷藏方式進貨的羊肉新鮮度，放入成吉思汗鍋炙燒而成的生拌羊肉。在顧客面前炙燒，再拌入蛋黃與苦椒醬基底醬汁。是一道備受好評，沒有腥味且非常適合在燒烤前享用的菜品。

羊肉咖哩

770日圓

使用分切燒烤食材時產生的邊角肉，烹煮成羊肉燒肉店內作為收尾料理的羊肉咖哩。羊肉高湯底中加入了足量羊肉。以十種辛香料調配出來的咖哩味道相當受到歡迎，已是該店的一道名菜料理。

ISSA名菜
土佐漬牛上後腰脊蓋肉佐帕瑪森起司
968日圓

分切好的牛上後腰脊蓋肉塊經過真空包裝與低溫烹調之後，放入和風高湯之中浸漬入味一晚。這款濕潤多汁烤牛肉風的牛肉，會在收到顧客點餐之後再進行分切盛盤，撒上帕瑪森起司、淋上橄欖油，製作出也很適合佐搭葡萄酒享用的西式風格菜品。

千葉・流山大鷹之森　宮崎牛一頭買い　焼肉issa　おおたかの森店

當日活宰蔥鹽豬肝
380日圓（未稅）

低溫烹調當日現宰新鮮肝臟再做分切。擺入每盤約60g的分量，接著大量盛上以麻油為基底製作而成的蔥鹽醬。這種越吃越上癮的美味在同系列店鋪中人氣也相當高。

東京・池袋　大衆焼肉　コグマヤ　池袋店

類生牛肝
800日圓（未稅）

以63℃的熱水進行30分鐘低溫調加熱處理的內臟肉料理。特色在於其黏而滑順的口感。搭配大蒜醬油與鹽味麻油兩種沾醬都十分對味，是一道令很多人一吃上癮的小菜。作為下酒菜也非常合適。

東京‧神田　燒肉　金山商店　神田本店

涼拌牛肝
1100日圓

使用經低溫烹調好的和牛肝。用藻鹽跟麻油進行事先調味，擺上長蔥絲、蔥花、蛋黃，再撒上韓國一味辣椒粉、芝麻碎。食用時拌入蛋黃亨用類似生拌牛肝的美味。

東京‧濱松町　たれ燒肉　のんき　浜松町店

無骨豬腳

900日圓

將豬腳燉得鬆軟彈嫩之後剔去骨頭，用保鮮膜捲裹起來塑型。放到冷凍庫中冷卻定型再做切片，美感十足地擺放到盤子中。以此打破人們對豬腳的既定印象，完成一道高級燒肉店才有的精緻佳餚。

埼玉・埼玉市	燒肉	高麗房 大宮店

美肌豬腳

600日圓

這是一道想讓更多人品嚐到富含膠原蛋白的豬腳有多美味才設計出來的菜品。沾取「초장〔chojang〕」（醋辣味噌醬）一同享用。一般處理豬腳最麻煩的就是剔除骨頭，故而該店選擇採購已煮熟並除去豬骨的成塊豬腳，待收到點餐之後再薄切成片提供。作為一道可立即上菜的小菜受到相當大的倚重。

神奈川・橫濱	燒肉	AJITO総本店

「肉類下酒菜」

燒肉店裡的下酒小菜，有很多都是善加利用邊角肉製作而成的。要想提高單價，設法結合蒸籠或涮涮鍋這類「燒烤」以外的烹調方法，或是增加豬肉及雞肉製成的下酒菜也都是頗具成效的辦法。

用湯匙將肉餡大致分成四等分，放到烤盤上。炙烤至單面出現烤痕再行翻面。會以店內告示單介紹這道菜的燒烤方法。

特製雞肉丸

350日圓（未稅）

提供雞肉丸的生肉餡，由顧客自行塑形再放到烤爐上面炙烤的獨特燒烤方式十分受到歡迎。肉餡裡有雞腿肉以及令口感更有層次的脆彈軟骨，加入生薑、蘘荷、紫蘇葉等香味蔬菜更添美味香氣。搭配加了蛋黃的沾醬一同享用。

東京‧池袋　大眾燒肉　コグマヤ　池袋店

濟州風韓式烤五花肉

980日圓

韓式烤五花肉是道把一片150g的豬五花肉盛在盤中的菜品。逼出油脂的同時將肉烤得焦脆，搭配以鯷魚醬與芝麻調味醬調配出來的原創濃郁沾醬一起品嚐。十分下酒的濃郁風味相當受到好評，大多作為享用燒肉時的搭配附餐來進行點餐。

大阪‧池田　薩摩の牛太　池田旭丘店

籠蒸和牛

※於7900日圓、9900日圓的套餐中供應

除了在客桌上烤肉之外，該店還引進這種娛樂性效果十足的燜蒸方式，讓點套餐的顧客享受到意猶未盡的樂趣。照片中使用的是霜降度高的牛後腰脊肉，每片肉的分量足有120～130g。蔬菜則是選用三樣左右的時令蔬菜。

千葉・船橋市　肉の匠　将泰庵　船橋総本店

於套餐最後階段登場。欣賞大片牛後腰脊肉的美麗油花，再和蔬菜一起輕鬆品嚐牛肉的美味。藉由燜蒸將牛肉的鮮甜與油脂一點點滲入蔬菜之中。

和風高湯
わにく沙朗涮肉

※於套餐中供應（單點每片1320日圓）

使用以日高昆布與柴魚熬煮出來的第一道高湯，以不至於煮至沸騰的溫度加熱，快速涮過肉質細緻的牛後腰脊肉片。基於套餐中的第一道菜要有個合適開場的心意，由外場人員在顧客面前將肉一片片細心涮好，與特製橙醋一起提供。

愛知・名古屋　柳橋焼にく　わにく

「肉壽司・肉丼」

摆上分量厚重的牛排或铺上好几层烤牛肉这类魄力满点的牛肉丼、类型广泛的肉寿司，以及和牛木桶饭和高汤茶泡饭等，以下将介绍种类丰富多样化的牛肉加米饭餐点。

牛排丼　特大碗

1200日圓

多次登上大眾媒體與社群網路版面的知名午餐料理。使用黑毛和牛前腹肉，事先按單人分量切好備用，待收到顧客點餐再做燒烤。限量40份的「特大碗」牛排丼擁有300g牛肉（特大碗還加了牛腿肉）與700g米飯加在一起的壓倒性巨大分量，使其成為令人慕名而來的排隊美食。即便是正常版牛排丼（850日圓）也有150g牛肉與300g米飯的大分量。二者皆附湯品。

福岡・大名　黑毛和牛　ニクゼン

黑毛和牛木桶飯
1800日圓

多治見市自古以來就有很多鰻魚料理店，於是研發出與「鰻魚桶飯」高親和度的和牛肉版木桶飯。作為午餐的招牌商品，抓住顧客想來點奢侈享受的心態而博得高人氣。使用分切好的8mm厚牛後腰脊肉100g，米飯也有300g，這種分量多到要滿出來的視覺享受十分受年輕客群喜愛。牛肉的醬汁同樣參考烤鰻魚醬汁但做了降低甜度的調整。搭配沙拉、日式清湯、調味佐料、高湯提供。

岐阜・多治見市　古民家燒肉　古登里

跟鰻魚桶飯一樣先直接盛到碗裡吃，最後再擺上調味佐料，倒入和風高湯做成茶泡飯。牛肉切成易於食用的細長條狀，跟和風高湯茶泡飯非常合拍。

土鍋菲力炊飯
※套餐中的一道（單點4950日圓）

使用「和風高湯わにく沙朗涮肉」過濾後的高湯炊煮出來的米飯，於套餐最後階段提供。用特製醬汁炙烤的菲力牛肉，其肉香與吸收了沙朗鮮甜美味的米飯非常對味。有時也會根據套餐而使用山菜、天然菇類、蟹肉或香魚等當季食材。

愛知・名古屋　柳橋燒にく　わにく

和牛雪花肉高湯泡飯

1480日圓（未稅）

將牛後腿股肉中帶有油花又肉質軟嫩的下後
腰脊角尖肉切成薄片，盛放到米飯上面。淋
上和風高湯，以搭配調味佐料山葵泥與蔥花
的清爽風味享用入口即化的牛肉。雖作為隱
藏版菜單供應，但因其能讓身心備感舒緩而
成為一道受歡迎的燒肉收尾料理。

東京・用賀　燒肉　星山

生拌雪花牛
鮭魚卵迷你丼

1089日圓

作為收尾料理開發出來的單人份迷你丼。極
具燒肉店風格地將黑毛和牛活用到料理之
中。以55℃低溫調烹整塊牛肉一段時間後，
細細剁碎製作成生拌牛肉。牛肉使用等比例
的A4等級雌黑毛和牛的里脊類部位與瘦肉類
部位。將口感入口即化般的生拌牛肉與鮭魚
卵搭配在一起，營造出奢華饗宴感受。

東京・澀谷　USHIHACHI　渋谷店

牛肉壽司盤

1680日圓

上等肩胛肉切成1.2mm的厚度，再以瓦斯噴槍炙燒。米飯使用山形縣產越光米，混入紅醋拌成壽司醋飯，和牛肉的鮮甜組成絕佳拍檔。壽司底下鋪上韓國海苔，其中兩貫「奢侈肉壽司」上面擺上海膽、鮭魚卵，另兩貫「肉壽司」則是用鮭魚卵點綴。

岐阜‧多治見市　古民家燒肉　古登里

牛肉壽司三貫嚐味比較

2508日圓

取得生食用食用肉經銷設施許可而供應的肉壽司。嚐味比較組合中，提供黑毛和牛後腰臀的任一瘦肉部位、後腰脊肉、夏多布里昂。肉片長度配合壽司飯，為更易於咬斷嚼而在表面劃上刀痕。因為能直接享用到優質牛肉本身的鮮甜滋味而十分受歡迎。

千葉‧船橋市　肉の匠　将泰庵　船橋総本店

韓國海苔
和牛雪花醃蘿蔔捲

一貫429日圓

選用里脊類富含油花的部位，經低溫烹調之後細細剁碎，混入添加了壺底醬油的甜味醬，拌入切碎的醃黃蘿蔔，擺放到壽司飯上面。用韓國海苔與紫蘇葉包起來享用。

東京·澀谷　USHIHACHI　渋谷店

日本國產海膽牛肉捲2貫

1800日圓

不只肉類品質優異，就連魚貝類海鮮的品質也十分講究而深獲好評，是很多顧客都會點選的人氣餐點。切成薄片的黑毛和牛上等肩胛肉以鹽巴做事先調味，炙烤表面並用以捲包壽司飯。插入紫蘇葉，擺上北海道產高級生海膽後供應。附上醬油與燒肉用沾醬。

東京·飯田橋　和牛燒肉　とびうし

藉由提供醬烤燒肉必不可少的現炊米飯來提高商品價值。正因為存在高點餐率的湯品與麵食、米飯，才能在食材或供應方式等層面增添十足的創意，開發出知名的品項。

咖哩湯

880日圓

在融入蔬菜溫和風味的湯底裡，加入牛奶與獨家調配的綜合辛香料，烹煮出香料味道恰到好處的濃稠咖哩風味湯品。有不少人會和110日圓「一口米飯」、110日圓「麵」一起點餐。

東京・淺草　淺草燒肉　たん鬼

甜辣蛋花湯

638日圓

將營業期間產生的邊角肉放入水中，開中火熬煮出奶白濃郁的湯底。加入苦椒醬與醋辣味噌醬、蛋液，熄火倒入略多的馬鈴薯澱粉勾芡出黏稠感。透過濃郁調味與濃稠口感，呈現出令人忍不住再來一碗甚至是一喝就上癮的好味道。

兵庫・神戶　燒肉　たくちゃん

名菜二郎涼麵

880日圓　※半碗660日圓

點餐率超過90％，在涼麵菜單中也極具人氣的「二郎涼麵」。以昆布與柴魚熬煮高湯底製成的和風口味，幾乎沒有涼麵的酸味。將酢橘薄片點綴在上面以添一絲清爽，撒上朦朧昆布 更添高湯的鮮美。

愛知・名古屋　A5燒肉＆冷麵　二郎　柳橋店

酢橘涼麵

1300日圓

使用牛肉與牛舌等食材熬煮出來的湯底，製作出有著清澈但味濃鮮美高湯的涼麵。平鋪成片的酢橘展現出美感，令風味變得清爽可口起來。搭配用木薯粉製作出來的彈牙麵條。

東京・淺草　浅草燒肉　たん鬼

現煮　伊賀燒窯元
土鍋白米飯　2合米
佐兩樣下飯小菜

1408日圓

收到點餐以後花費30～40分鐘炊煮的土鍋飯，使用日本米專家推薦的山形縣產「つや姬」。使用的土鍋也十分講究，使用天保三年創業的「伊賀燒窯元長谷園」的土鍋來炊煮米飯，以燒肉店重要的米飯來拉開與其他店家的差距。和這鍋米飯一起享用的是兩樣配飯小菜，如葉黃瓜、明太子、生薑佃煮這類小菜。另有3合米（1958日圓）可供選擇。

東京・澀谷　燒肉　富士門

松露生蛋拌飯

880日圓

專賣牛外橫膈膜並提供新吃法的燒肉店，依循店家風格在生蛋拌飯裡添加了松露，並使用大分縣產的高級雞蛋「龍のたまご」。高濃稠度的蛋黃加上松露香氣，搭配鹹味混合在一起品嚐，享受燉飯般的美味。

大阪・北新地　ハラミ專門店　北新地はらみ

完美收尾山葵奶油拌飯

380日圓（未稅）

熱騰騰的米飯淋上醬汁，擺上韓國海苔、辣根泥、山葵泥與奶油，撒上蔥花製作而成的燒肉店「奶油醬油飯」。雖然光是這樣就具備令人狼吞虎嚥的美味程度，但也很適合搭配該店的名菜成吉思汗鍋或下酒，這樣的調味不論是配飯或配酒都有相當不錯的評價。

東京・池袋　大眾燒肉　コグマヤ　池袋店

韓式湯泡飯　義大利產黑松露風味

2200日圓

將雞蛋與松露的經典組合運用到韓式湯泡飯裡面。基於「松露是一種加熱至50℃以上就會散發香氣的食材，屬於合理的烹調方式」而在顧客面前現刨松露。一般分量的湯泡飯以640日圓的價格提供。

兵庫・新神戶　燒肉bue

韓式辣醃鱈魚內臟飯糰

700日圓

是一道十分受歡迎，將辣醃鱈魚內臟置於米飯中央捏製成飯糰，再以自製醬漬紫蘇葉包起來，最後於底下鋪上海苔的米飯料理。獨特的造型與多層次風味也帶來相當高的滿足感。

兵庫・尼崎市　あまがさき　ポッサムチプ

韓式辣醃鱈魚內臟拌飯

968日圓

具有獨創性的辣醃鱈魚內臟拌飯，在菜單上面也以醒目設計來塑造成店內招牌商品。還加進了蔥花、韓國海苔、蛋黃，整體充分拌勻後享用。也提供淋上熱湯的茶泡飯式吃法。亦提供半碗大小的分量。

東京・世田谷區　壺ほるもん

「活用邊角料的人氣菜品」

充分利用修清處理肉品產生的筋與分切之際產生的零碎邊角肉，對燒肉店來說是必不可少的技能之一。藉由精心烹調，製作出高收益的一道菜品。

名菜牛筋鍋

1000日圓

牛筋料多又煮到軟嫩入味的知名火鍋。牛筋事先燙煮3小時以上，以醬油與辣椒粉等調料做調味，待收到點餐再跟泡菜、豆腐等食材一起放入雞骨與牛油熬成的湯底裡稍微燉煮。加入砂糖製作成甜辣風味也是烹調上的一大重點所在，味道不會像外表看上去那麼辣，不論下飯或下酒都很合適。以烏龍麵取代豆腐的「牛筋烏龍麵」也同樣是一道人氣佳餚。

神奈川・橫濱　燒肉　AJITO総本店

辣味牛舌

495日圓

有效利用美國牛的舌下部位，製作出別緻的下酒菜。
牛舌下以小火燙煮4～5小時以後，僅取用中央的部
分。冷凍之後再做解凍，用手將肉剝成細絲狀，以苦
椒醬、大蒜泥、麻油、濃口醬油調味成香辣風味。也
會併入套餐作為前菜供應。分量為50g。

神奈川・川崎　燒肉　大昌園　きんとき　GEMS　川崎店

生薑和牛肉丸湯

1089日圓

在燉牛筋時熬煮出來的精華當中加入蔥薑熱
湯，再以醬油進行調味。以處理食材時產生
的邊角料和剁碎的筋製成的牛肉丸與牛筋作
為湯中主料。擺上足量蔥絲作為點綴。

東京・澀谷　USHIHACHI　渋谷店

香辣涼麵

790日圓

將使用邊角肉製作的絞肉與蔥末拌炒而成的醬香風味香辣肉燥，一起擺放到涼麵上面。撒上產自韓國的甜味辣椒粉，完成前再按照中國料理廚師傳授的訣竅，灑上添加了較多山椒的自製辣椒油。辛香麻辣的風味獲得諸多好評，並擁有足以自豪的高回頭率。

兵庫・神戶　やきにく3姉妹

擔擔麵

1100日圓

川崎站前店等分店的人氣餐點。為打造旗下各店特色而未列入此店供應菜單，而是作為常客的隱藏版菜單獲得不少人氣。花費兩天時間熬煮出牛大腿骨湯，以鹽巴進行調味。盛入大碗裡混入芝麻醬，在麵上盛放味噌肉醬與蔥花。肉醬所使用的絞肉來自物盡其用的里脊肉邊角肉，用麻油和大蒜泥、生薑一起拌炒，待炒出香氣後加入上白糖、味醂、濃口醬油、自製味噌醬與韓式辣味噌醬製作而成。為了讓這道收尾料理更易於享用，麵條僅使用少量的100g。

神奈川・川崎　燒肉　大昌園　きんとき　GEMS 川崎店

燉和牛筋蓋飯

638日圓

活用邊角肉的一道料理。以鹽麴、味噌、味醂、酒燉煮牛筋與蒟蒻製作而成的和風調味燉肉，添加苦椒醬作為提味。雞蛋選用以添加了小豆島產橄欖油的飼料餵養出來的「オリーブの瞳」雞蛋。雖然口味偏重的調味很能刺激食慾，但還是以最適合收尾料理的小分量做供應。

大阪・北新地　立食燒肉　一穗　第二ビル店

大人版他人丼

990日圓

出於想把整塊採購的肩胛里脊部位中肉質偏硬的「肩頸肉」商品化而開發出來的料理。薄切以後和洋蔥一起炒香，以醬油和紅味噌烹調成甜鹹風味，再盛放到米飯上面並擺上蛋黃。配合「他人丼」的料理名稱附上鮭魚卵，享受雙重意義上的美味樂趣。

兵庫・神戶　やきにく3姉妹

※親子丼一般為「雞肉＋雞蛋」或「鮭魚＋鮭魚卵」；他人丼的「他人」二字有非親非故之意，主要為雞肉以外的肉品加上雞蛋製成的蓋飯，此處多加鮭魚卵來增添意義上的趣味性。

孤高夢幻丼飯

2178日圓

將北海道產生海膽與鮭魚卵，以及低溫烹調過的牛里脊肉（活用邊角肉）平鋪在米飯上面，再擺上契約養雞場土雞蛋黃的丼飯料理。附上廣島縣老牌醬油「川中醬油」的醬油與真山葵泥。

愛知・名古屋　肉亭　まぼたん

牛緣香蒜肉絲炒飯

748日圓

使用以添加大蒜與紅酒、辣椒粉等佐料的醬油為底製成的醃肉醬，並加入大蒜，成為這道料理的專用醬汁。令人為之食指大動的蒜味醬香往往誘使不少鄰近座位的顧客都跟風點餐。是一道以優質牛肉與調味講究的醬汁擄獲顧客味蕾的同時，成功運用邊角肉來降低損耗率並壓低成本價的獲利料理。

愛知・名古屋　燒肉牛緣　本店

二郎咖哩

550日圓

以系列店鋪所使用的A5等級和牛邊角肉燉煮而成的知名咖哩。食材一律在總店統一處理。由於食材僅有牛肉，所以別名又稱「肉醬」。雖僅提供半碗分量，但因香料風味濃郁又肉量十足而獲得最佳收尾料理的好評。

愛知・名古屋　A5燒肉＆冷麵　二郎　柳橋店

「燒肉便當」

為了滿足希望外帶也能吃到美味燒肉的顧客需求，許多店家想方設法，格外提升了這方面的燒肉技術。在此將為您介紹店家費心製作、即使冷掉也吃得美味的燒肉便當。

和牛上等里脊肉便當

3700日圓

燒肉便當售價2500日圓起，共有八種菜色。雙層便當盒裡裝有八片上等里脊肉，將高級燒肉店的氛圍融於其中。為加深燒肉的饗宴感而搭配的韓式涼拌菜、泡菜與金時豆等八樣一口前菜的豐盛菜色更是令人大感欣喜，深受顧客歡迎。

埼玉‧埼玉市　燒肉　高麗房　大宮店

上等牛·橫膈膜便當
1580日圓

備有八款便當。其中最受歡迎的就是使用美牛Prime的「上等牛橫膈膜便當」。脂肪含量與瘦肉的比例絕佳，即使冷掉再吃也依舊美味不減而佳評如潮。為了能在烹調之際確實把肉烤熟，肉片會切得比店內供應的還要薄上些許，但也相對增加了便當裡的肉片數量。

群馬·藤岡市　燒肉飯店　万福苑

選用充滿高級感的黑色便當外盒，以紙封條包裹起來。上面也明確標示出有效期限。

牛下後腰脊球尖肉

在後腿股部位裡屬於偏向瘦肉的部位。由於肉質較硬且容易受熱收縮，所以切成2mm薄片，並在雙面劃上能切斷肌肉纖維的刀痕。

牛後腿股肉心

雙面皆斜向劃上深深的刀痕，再以1.5cm的厚度分切成一口大小。雖屬於肉質軟嫩的部位，但冷掉以後依然會變硬，故而劃上刀痕以易於食用。

燒肉便當

3500日圓

燒肉便當的售價落在1500～3500日圓之間，根據顧客的預算與食用場合而接單製作。使用A5等級黑毛和牛，依售價選用不同部位。照片為內含後腿股肉心、上等肩胛肉、下後腰脊球尖肉、前胸肉四種部位的3500日圓便當。單是燒肉就多達150g的十足分量感也極具魅力。盛入韓式涼拌菜與泡菜、培根、日式炸雞塊作為配菜，附上調味沾醬與醋味醬兩種沾醬。　神奈川・橫須賀　炭火燒タイガー

牛前胸肉

屬於肩腹部位，肌肉纖維細緻而風味濃郁。越嚼越能嚐出牛肉的鮮美滋味，切成略厚的厚度，雙面再充分劃上刀痕，讓肉更易於食用。

牛上等肩胛肉

屬於肩胛部位裡的上等部位。切成1cm厚的大肉片，從可以切斷肌肉纖維的方向劃上刀痕。重點在於下刀時要大幅傾斜刀身。

為避免厚切肉塊在外帶途中滲出肉汁，側面也需稍微炙燒表面以鎖住水分。

烤牛肉便當

1350日圓

使用外腿部位中，味道特別濃郁鮮甜的外側後腿板肉。想讓大家品嚐到不同於燒肉的美味多汁牛肉而開發出來的菜品，也能以便當的形式供應。屬於投入成本率45％的高性價比商品。由於要在短時間內加熱調理，所以切成較小的塊狀，僅以鹽巴事先調味就放入烤箱裡燒烤。待收到顧客點餐再切成薄片。搭配醋飯好讓風味更顯爽口，最後再附上以淡口醬油為底的沾醬。

神奈川・橫須賀　炭火燒タイガー

使用添加調味醋做調味的醋飯，以便更能搭配外腿肉極具深度的鮮甜美味。撒上海苔絲再鋪上烤牛肉片。

3000日圓

誇味山的便當基於「便當菜色又多又豐富，看了就開心！」的預期心理下，製作出這款不論是超下飯的燒肉跟配菜都會每樣裝上一點的繽紛便當。不僅有該店歷來廣受好評的醬烤燒肉，還加上漢堡排、炸肉餅、牛丼與和牛肉燥這些豐富菜色。飽含店主期盼顧客在家也能滿懷朝氣開心享用便當的心意。 東京・神樂坂 誇味山 奏

牛外橫膈膜

因富含油花而將周圍的脂肪修清處理乾淨。分切成長條狀，再以每片15g的分量做分切，沾裹上醃肉醬。

牛後腰脊肉

切成每片35g的大片肉，再切成兩半。快速沾裹上一層醃肉醬而不抓醃。

燒烤方式

因為餘熱還會繼續加溫，所以炙烤到比一分熟還要熟上些許的程度即可。烤好以後放到容器裡，淋上醬汁備用。

牛里脊肉

屬於肉質軟嫩的部位，切成略厚的肉片。以每片15～20g為基準。大致沾裹一層醃肉醬。

為了不讓燒肉調味顯得單調，會在擺入便當之後再次刷上醬料，在後腰脊肉與牛里脊肉上面撒上胡椒、外橫膈膜撒上山椒作為提味。

牛外橫膈膜便當

2500日圓

外橫膈膜在燒肉中亦屬極具人氣的部位。該店將80～120g的外橫膈膜燒烤成醬烤燒肉，做成便當供應。在考慮製作迎合「最愛吃燒肉」客群的便當之際，思及外橫膈膜冷掉以後肉質也不會變得太硬而選用此部位。便當裡不僅有外橫膈膜，還加入和牛肉燥、韓式涼拌菜與泡菜，分量十足。切成厚切肉片以便能充分享用外橫膈膜的鮮甜好滋味。

東京・神樂坂　誇味山　泰

烤好以後盛放到容器之中，迅速淋覆醬汁備用。肉在這段時間裡也會繼續加溫。

使用醃肉醬做調味。不抓醃，只需快速沾裹醬汁即可。

在外橫膈膜上面刷上沾醬，撒上辣椒絲。在橫膈膜與和牛肉燥之間擺上韓式涼拌菜，於角落附上泡菜。另外附上燒肉沾醬。

放到烤爐上面雙面炙烤至烙上烤痕。烤的時候要把餘熱考量在內，留意不要烤過頭。

盛裝擺盤	燒烤方式

黑毛和牛舌使用肉質軟嫩的牛舌根。以低溫烹調加熱再以米糠油炸過，切成比1cm略大的肉丁。

選用脂肪的甘甜美味與米飯尤為對味的但馬太田牛上等肩胛肉。在煎烤前1小時撒上粗鹽。

堀越牛腹肉散壽司

8800日圓

探尋有別於一般燒肉便當的可能性之際誕生出來的「牛腹肉散壽司」。選用A5黑毛和牛上等肩胛肉，並點綴上大量鮭魚卵來呈現用料繽紛的豐盛華美擺盤，以此吸引到不少渴望吃上美味牛肉的客群，成為店內一大熱門商品。底部的米飯並非醋飯，而是吸收自家製且鮮味十足「高湯風味鹽」的高湯米飯。以萵筍與醃黃蘿蔔增加口感與色彩的豐富性。還加上經低溫烹調的黑毛和牛舌。不加黑毛和牛舌為6600日圓。

東京・南青山　肉匠　堀越

重點在於展現牛肉漂亮的粉嫩色澤。添加黑毛和牛舌的便當則要再將牛舌穿插擺放到肩胛肉之間，避免二者比例不均。

一邊來回翻轉沾裏吸附煎烤之際流出來的油脂，一邊慢火煎烤。離火靜置10分鐘左右以餘熱加溫。

CHAPTER 5

燒肉菜單的「成本計算」

食用肉顧問
清水孝之助

老家是位於神奈川縣的養豬農家。擔任公益社團法人全國食用肉學校的教務部部長一職後自立門戶。以食用肉顧問的身分擔任日本全國各地的技術研討會講師。除執筆撰寫旭屋出版MOOK《燒肉店》的文章之外，也監修澳洲食用肉生產者事業集團發行的〈Aussie Beef & Lamb Cutting Manual〉。

燒肉專家必備知識

近來燒肉業界的肉品進貨價格一直居高不下。與此同時，由於致力於採購優質肉品或肉品銷售走專賣店風的店鋪也逐漸增多，因而必須強化自身經營體制來應對進貨的高額開銷與競爭。

其中重要性漸顯的就是肉品的「成本計算」。這是一種能藉由分析自家店鋪進貨與商品力等諸多課題來提高所得利益，從多個面向提升自家店鋪競爭力的成本價計算方法。

當然，多數人都會留意商品的成本價。以採購牛五花腹部位為例，只要知道每公斤的進貨單價與淨料率（實際可用率），就能掌握相當程度的成本價。

只不過，一塊牛腹肉能作為普通牛五花與上等牛五花使用的部位重量比例並不一致，所以各項商品得出的收益也有多寡之分。而且若購得的肉品狀態不佳或出現滯銷商品，所得利潤自然也會有所降低。為了能隨時掌握這種變動並做出應對，就必須得學會更專業的成本計算方法。次頁開始將為您解說此種成本計算的方法，以及這些經由計算推導出來的數字所表達的商品改善重點。

計算成本的順序

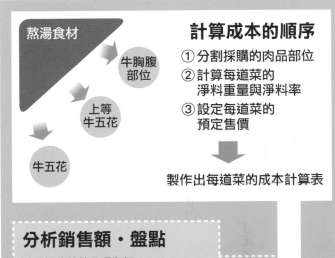

熬湯食材

牛胸腹部位

上等牛五花

牛五花

① 分割採購的肉品部位
② 計算每道菜的淨料重量與淨料率
③ 設定每道菜的預定售價

製作出每道菜的成本計算表

分析銷售額・盤點

菜單裡的熱銷品項為何？
庫存、廢棄耗損、ABC分析法…等等。

- 現行進貨狀況有無問題？（進貨單價是否合宜）
- 目前各道菜的售價是否合宜？
- 還能不能透過改善淨料率來提升收益？
- 這樣按各部位設計菜單就可以了嗎？

> 改進商品價值，打造附加價值，以期提升收益成效。

作業順序

- 解體分切原料肉
- 估算並記下各道菜・各用途的用肉量

● 計算各道菜・各用途的淨料率

各道菜・各用途的淨料率＝
各道菜・各用途的重量÷原料肉重量×100

[ex P.204的「里脊肉」淨料率
70%＝14kg÷20kg×100]

Point 1 確認減縮及耗損量

解體分切原料肉會產生減縮及耗損。黏在砧板上的脂肪等損耗自不在話下，牛肉所含水分會在熟成、鮮度劣化的過程中逸散，因而重量會比原先還要減縮。這部分也會產生淨料率。

不同部位的大概含水量

牛腹肉類約45%

牛肩、里脊肉類約60%

牛腿類約66%

I 何謂淨料成本單價？

●肩胛里脊肉20kg×採購單價4,000日圓／kg＝採購價80,000日圓

❶僅推估計算「里脊肉」的淨料成本價

品　項		菜單・用途	淨料重量（kg）	淨料率（%）	成本單價（日圓／kg）	成本金額（日圓）
里脊肉		里脊肉	14.0	70%	5714.2	¥80,000
副品項	皮蓋肉		3.0	15%	0	0
	脂肪		1.8	9%	0	0
	筋		1.0	5%	0	0
減縮及耗損			0.2	1%		0
合計			20.0	100%		¥80,000

▲計算肉類成本時出現採購的肉品裡有可用於燒烤，以及無法用於燒烤的筋與脂肪等部分是很常見的事情。只要將進貨肉品去筋、分割與整形，就必定會有「淨料率」產生。

這個淨料率正是檢視效益與成本的重點所在。並且只要單純用採購單價除以淨料率就能得出每公斤的淨料成本單價。

根據表格❶，以4000日圓的採購單價進貨的20kg重肩胛里脊肉，在解體分切後可取得70%的菜單用里脊肉。其菜單用里脊肉的淨料成本單價即為

4,000日圓÷0.7＝5,714.2日圓／kg

此外，採購價80,000日圓的菜單用里脊肉的淨料重量為20kg×0.7＝14kg，所以菜單用里脊肉的成本單價就是

80,000÷14kg＝5,714.2日圓／kg

得出跟上述計算相同的數值。

II 依據分切數據計算淨料率（各商品重量構成比例）與成本單價

品　項		菜單・用途	淨料重量（kg）	淨料率（%）	推估價格（售價）	推估・成本金額
里脊肉		里脊肉	14.0	70%		
副品項	皮蓋肉	邊角肉	3.0	15%	¥1,500	¥4,500
	脂肪	絞肉	1.8	9%	¥300	¥540
	筋	燉煮料理	1.0	5%	¥1,000	¥1,000
減縮及耗損			0.2	1%		
合計			20.0	100%		

▲表格❶並未將皮蓋肉與筋等「副品項」作為商品進行分析，但是只要將這些部分也商品化，就能讓里脊肉的成本單價壓得比表格❶還要低。

上記表格中的皮蓋肉、脂肪與筋各自應用到邊角肉、絞肉與燉煮料理用途的菜單之中。並且計算其各自的推估・成本金額。

皮蓋肉、脂肪與筋的推估金額由各店自行設定。

❷充分運用「副品項」的情況下

品　項		菜單・用途	淨料重量（kg）	淨料率（%）	推估價格（成本單價）日圓／kg	推估・成本金額（日圓）
里脊肉		里脊肉	14.0	70%	¥5,282.8	¥73,960
副品項	皮蓋肉	皮蓋肉	3.0	15%	¥1,500	¥4,500
	脂肪	絞肉	1.8	9%	¥300	¥540
	筋	燉煮料理	1.0	5%	¥1,000	¥1,000
減縮及耗損			0.2	1%	0	0
合計			20.0	100%		¥80,000

> 將皮蓋肉、筋、脂肪運用到商品之中，計算其推估金額。

❷為納入副品項進行分析的成本計算表。在推估・成本金額的合計欄位中，因為採購價為80,000日圓，所以「里脊肉」的推估・成本金額為

外蓋肉4,500日圓＋脂肪540日圓＋筋1,000日圓＝ **6,040日圓**

里脊肉的推估・成本金額為8,0000日圓－6,040日圓＝ **73,960日圓**

里脊肉的成本單價即為73,960日圓÷14kg＝ **5,282.8日圓／kg**

Point 2 ▶ 推估「副品項」

解體分切原料肉，以主菜單的淨料重量為基準計算出淨料率，再以採購單價÷淨料率得出主品項的成本單價，的確是較為快速的做法，但實際解體分切之際時常會衍生其他菜單品項，故而不能說是正確的成本單價。在自店中為這些可充分運用到菜單裡販售的副品項標上價格（設定售價），再計算出主品項成本單價的算法，可以作為原料肉副品項數量不多時的成本單價計算方式加以活用。

表格❶情況的「里脊肉」成本單價

採購單價÷淨料率＝成本單價　　4,000÷0.7＝ **5,714.3日圓／kg**

> 情況❷
> 便宜
> 431.4日圓

表格❷情況的「里脊肉」成本單價

皮蓋肉4,500日圓＋脂肪540日圓＋筋1,000日圓＝6,040日圓
里脊肉的推估・成本金額為

80,000－6,040＝73,960日圓　73,960÷14kg＝ **5,282.8日圓／kg**

❶與❷的差額為

5,714.2－5,282.8＝ **431.4日圓／kg**

> 把能估算的品項價格都估算出來，
> 以此計算出主品項的成本單價，
> 就能求出正確的成本單價。

平均每一百克43.1日圓的❷較為便宜。

●部位：後腿股肉10.3kg×採購單價4,500日圓／kg＝採購價46,350日圓

部 位	菜 單	淨料重量（kg）	淨料率（重量占比）	售價②（日圓／kg）	預定販售金額③（日圓）	各菜單成本金額⑥（日圓）	各菜單成本單價⑦（日圓／100g）
下後腰脊角尖肉	特級里脊肉	1.3	12.60%	28,000	36,400	11,077	852.07
後腿股肉心	上等里脊肉	2.0	19.40%	24,000	48,000	14,603	730.15
下後腰脊球尖肉	里脊肉	2.3	22.30%	20,000	46,000	13,994	608.4
外後腿股肉	邊角肉	1.4	13.60%	15,000	21,000	6,388	456.2
小計		【7.0】	【67.9%】			【46,062】	【658.0】
小塊肉	熬湯食材	0.3	2.90%	500	150	45	15
脂肪		2.0	19.40%				
筋	燉煮料理	0.8	7.80%	1,000	800	243	30.3
耗損		0.2	2.00%				
合計		10.3	100%	－	④ 152,350	① 46,350	

售價的設定方式

一般都會採用當前銷售菜單的售價。此外，也可以基於「如果採用這個售價，成本會是多少」等設想，抓出一個預設售價。可以在計算菜單中初次採用部位的成本率與成本單價時加以活用。此外，也可以採取先求出P.205說明的淨料成本單價，再從中加入利潤（計畫利益）來定出預設售價的計算方式。

例

採購單價

重量

下後腰脊角尖肉　後腿股肉心

下後腰脊球尖肉　外後腿股肉

46,350日圓÷7kg＝ 6,621日圓／kg（成本單價）

在6,621日圓／kg中加入70%的利潤

6,621日圓／kg÷(1－0.7)＝ 22,070日圓／kg

以此作為檢討售價的基本方向

標示各菜單成本單價的作用

雖在表格中標示了每100g的成本金額，但該項數值，也能在欲估算相同部位各項肉品庫存數量的指數時發揮作用。

各菜單成本單價（日圓／kg）÷採購單價（日圓／kg）＝ 指數
以下後腰脊球尖肉為例（608.4×10＝6,084日圓／kg）
6,084日圓÷4,500（採購單價）＝1.352

假設留有庫存的下後腰脊球尖肉，採購單價為4000日圓／kg，其用於「里脊肉」的庫存推估單價即為
4,000×1.352＝5,408／kg

下後腰脊球尖肉庫存量的成本單價

成本率⑤①÷④	0.3042336 30.42%

在P.205了解到肉的淨料成本的計算方法後，接著就是計算各菜單的用肉成本。上方表格以分割成四個部位的後腿股肉為例，各部位分別作為特級里脊肉、上等里脊肉、里脊肉與邊角肉供應。採用的是以後腿股肉的採購價除以所有菜單預定販售金額（肉全數售罄的銷售額）加總金額的方法，計算出整體成本率。而利用該成本率計算出來的各菜單成本單價，也就是所謂的標準成本。

當然，只要降低成本率就能增加利潤。而成本率取決於各菜單的比重與售價，這也就意味著我們能結合實際銷售狀況重新檢視商品「預定售價是否合宜」又或者是「特級里肌賣得不太好，所以後腿股肉心與下後腰脊角尖肉還是不單獨販售，合在一起作為100g 2500日圓的上等里脊肉販售才更能賺取利潤」的這類狀況。

計算方法

部分肉品的解體、各部位的測量・淨料率（重量占比）計算

➊ **計算採購價，填入計算表的①欄位**

後腿股肉10.3kg×採購單價4,500日圓／kg＝ $\boxed{46,350日圓}$

➋ **決定好各菜單的售價（日圓／100g），填入相應欄位**

※訂定的售價為平均每100g的金額，所以要乘以10倍。

➌ **計算各菜單的預定販售金額（填入計算表的③欄位）**

【各商品重量×售價（日圓／kg）＝預定販售金額】

「特級里脊肉」的情況　1.3×／28,000日圓／kg＝ $\boxed{36,400日圓}$

➍ **計算預定販售金額（菜單品項全數售罄的銷售額）的總和**

加總金額填入計算表的④欄位

➎ **計算成本率（小數點後的位數取得越多越正確。此次取至小數點後七位數）**

【計算表的①÷④＝成本率】

46,350日圓÷152,350日圓＝ $\boxed{0.3042336}$

※預期收益率為
（1－0.3042336）×100≒69.57

➏ **算出各菜單成本金額，進行驗算與調整**

【各菜單的預定販售金額×成本率】

「特級里脊肉」的情況　36,400日圓×0.3042336＝ $\boxed{11,074日圓}$ ➡

驗算各菜單成本金額總計是否為採購價46,350日圓。

成本率有時會得出除不盡的數值，所以算出來的合計金額有時也會出現幾塊非整數的尾數，這時就必須調整尾數。特級里脊肉算出的成本金額為11,074日圓，但若以此數值與其他菜單的成本金額進行加總，會變成46,347日圓，比採購價還要少上3日圓。於是在售價較高的「特級里脊肉」品項加上不夠的3日圓，調整成P.206計算表中的11,077日圓。

➐ **各菜單的成本單價（日圓／100g）**

【各菜單成本金額÷各菜單的淨料重量÷10】

「特級里脊肉」的情況　11,077日圓÷1.3kg÷10＝ $\boxed{852.07（日圓／100g）}$

從數字的變化之中
看見需要改善的地方

至此已為大家解說了成本計算的方法。接下來將以兩個計算表為例，向各位說明為了提升店鋪的運營力與商品力，該如何著眼於成本計算出來的數字。

首先，次頁所示計算表①的採購條件與二○六頁的計算表完全一致，但成本率卻增加了二·六%。

只要比較過兩個計算表，就能發現淨料率這一項目裡的脂肪與筋的數字有所增加，而特級里脊肉與上等里脊肉的淨料率則是降低了。

此種情況意味著，必須要考慮是否是原料肉的脂肪附著量太多，又或者是在剔除脂肪與筋的時候，連帶切除過多的肉量。

肉品脂肪附著量的進貨規格是左右淨料率的重大關鍵點。必須事先跟供貨商達成協議，並在進貨當下確認肉品狀態。

此外，修整脂肪或剔除脂肪、去筋的技術等級也會有大幅影響淨料率的多寡。要留意加工時的刀工是否有體現出成本意識。最好能習得「用技術來控制成本」的刀工技術。不能有「這種程度只能把肉連著脂肪一起切掉」的心態，而

是要時刻保持「如果脂肪上面有肉，這些肉就會影響到脂肪的估價」的意識，成為附著部位的菜單銷售估價量」的意識。

確實秉持成本意識進行日常肉品加工處理作業，一個月、半年、一年日積月累下來就會形成一筆巨大金額，希望各位都能在平時的加工處理作業中，謹記珍惜食材的基本原則，時常有意識地以技術去提高商品價值與降低成本。

也許在事先處理的時候會覺得「就這樣也沒差吧」，但要是一整年持續累積下來呢？單單是二○九頁的計算表①的範例，就比二○六頁的預定販售金額還要少上一萬三千日圓。假設一整年下來共採購了五十次，那就會少上六十五萬日圓。最重要的是要在了解這種耗損的前提，以成本計算制訂出一套基準。

印證新菜單開發的附加價值
也能成為實證工具

接下來二一○頁的計算範例②則是提示了重新檢視各菜單價值與供應方式的重要性。

相較於二○六頁的表格，計算表②提高了「里脊肉」與「邊角肉」的售價。因而成本率減少了一·七%，預定販售金額總和則增加了八千八百日圓。當然，如果只是單純漲價很有可能會

降低點餐數。但若是能進一步找出提高購得肉品價值的供應方式，變更售價也不是絕對不可能的事情。

例如，計算範例中作為「邊角肉」供應的「外後腿股肉」，可以改用充分留意纖維方向的分切方式切成長條狀，雙面劃出刀痕，再以「壺漬里脊肉」的方式做供應。或是將其以長度為特色的超長尺寸供應，烤好以後再由顧客自行以料理剪刀分剪下來享用「超夠味里脊肉」等，試著挑戰規畫出兼具潮流性且適合拍照上傳社群網路的菜色。

此外，將下後腰脊球尖肉薄切作為「炙燒牛肉」供應也是個不錯的選項。重點在於要花費一番工夫帶出該部位風味的特色，將這種帶有瘦肉風味的肉塊切成薄片形狀，搭配橙醋一類的沾醬一起供應。

外後腿股肉也同樣能作為「炙燒牛肉」供應。可以採取將肉去筋之後，放入冷凍庫裡緊實肉質三十分鐘左右，再把肉較厚實的部分薄切的做法。下後腰脊球尖肉與外後腿股肉皆是瘦肉部位，所以十分適合作為快速加熱的「炙燒牛肉」使用。

而二一○頁的計算表③正是將這兩個部位合在一起作為新菜單「炙燒牛肉」重新設定售價，可以降低將近二·六%的成本率。此外，也可

①脂肪、筋的淨料增加後… （後腿股肉10.3kg×採購單價4,500日圓／kg＝採購價46,350日圓）

部 位	菜 單	淨料重量（kg）	淨料率（重量占比）	售價②（日圓／kg）	預定販售金額③（日圓）	各菜單成本金額⑥（日圓）	各菜單成本單價⑦（日圓／100g）
下後腰脊角尖肉	特級里脊肉	1.0	9.70%	28,000	28,000	9,317	931.7
後腿股肉心	上等里脊肉	1.8	17.50%	24,000	43,200	14,368	798.2
下後腰脊球尖肉	里脊肉	2.3	22.30%	20,000	46,000	15,300	665.2
外後腿股肉	邊角肉	1.4	13.60%	15,000	21,000	6,984	498.8
小計		**【6.5】**	**【63.1%】**			**【45,969】**	**【707.2】**
小塊肉	熬湯食材	0.3	2.90%	500	150	49	16.3
脂肪		2.3	22.30%				
筋	燉煮料理	1.0	9.70%	1,000	1,000	332	33.2
耗損		0.2	2.00%	—			
合計		**10.3**	**100%**	—	④139,350	①46,350	

上述計算表有著與P.206的「後腿股肉」範例相同的採購重量與採購金額，但原成本率卻增加了2.8%。檢視各部位的淨料率（重量占比）就會發現特級里脊肉、上等里脊肉的比例降低，而脂肪、筋的比例增加了（27.2%⇒32%）。

看到這裡，似乎有必要對原料肉的脂肪附著狀態、剔除脂肪與去筋時附著在筋上的肉量等細節做出檢討。碰到此種情況的重點就在於要對【原料的規格（附著脂肪、分割規格）】、【脂肪成形‧剔除、去筋的技術】進行確認。

成本率⑤
①÷④

46,350日圓÷139,350日圓
＝0.3326157（約33.26%）

明明採購單價一樣，
成本率卻提高了2.8%
預定販售金額總和也少了13,000日圓。

以透過縮短各菜單之間的價格差距，深入檢討「里脊肉菜單」的收益性。

像這樣充分利用肉品各部位的特色，就能提高菜品的價值。而這種價值創造也能成為菜單上的公式化對策。必須在提供顧客更加美味的菜品與更能享受到燒烤之樂的菜品供應方式當中，充分考慮到收益性。

「搞不清楚花了多少成本，就不知道賺了多少利潤。」從這層意義上來說，成本計算可謂是營運計劃最重要的手段之一。成本計算是計畫階段最不可或缺的參考依據。在開發新菜單或改良菜單時，請務必先計算一下成本。最重要的是要確認規劃中菜單的收益性，對此做出檢討，經過仔細分析再行供應。希望大家都能參考並充分利用這種成本計算的思考方式與分析方法。

②售價變更後…　　　　　　　　（後腿股肉10.3kg×採購單價4,500日圓／kg＝採購價46,350日圓）

部　位	菜　單	淨料重量（kg）	淨料率（重量占比）	售價②（日圓／kg）	預定販售金額③（日圓）	各菜單成本金額⑥（日圓）	各菜單成本單價⑦（日圓／100g）
下後腰脊角尖肉	特級里脊肉	1.3	12.60%	28,000	36,400	10,471	805.4
後腿股肉心	上等里脊肉	2.0	19.40%	24,000	48,000	13,805	690.2
下後腰脊球尖肉	里脊肉	2.3	22.30%	22,000	50,600	14,553	632.7
外後腿股肉	邊角肉	1.4	13.60%	18,000	25,200	7,248	517.7
小計		【7.0】	【67.9%】			【46,077】	【658.2】
小塊肉	熬湯食材	0.3	2.90%	500	150	43	14.3
脂肪		2.0	19.40%				
筋	燉煮料理	0.8	7.80%	1,000	800	230	28.7
耗損		0.2	2.00%	—			
合計		10.3	100%	—	④161,150	①46,350	

表格裡的採購條件與P.206的「後腿股肉」相同，各項菜單的淨料率也一致，唯有「里脊肉」與「邊角肉」提高了售價。此處最理想的做法並非單純提高售價，而是想方設法找出「里脊肉銷路不錯，或許可以試著稍微提高價格」、「如果把下後腰脊球尖肉的里脊肉作為炙燒牛肉供應，可以提高一點價值吧？」、「外後腿股肉可以劃上刀痕，做成類似壺漬牛肉的菜品吧？」這類能藉由開發菜色提高部位價值的提案，從提升商品供應價值方面著手提高售價。

成本率⑤ ①÷④	46,350÷161,150 =0.2876202（約28.76%）

售價變更後，成本率大約減少了1.7%。預定販售金額的總和則增加了8,800日圓。

③用下後腰脊球尖肉與外後腿股肉開發出「炙燒里脊肉」的情況

部　位	菜　單	淨料重量（kg）	淨料率（重量占比）	售價②（日圓／kg）	預定販售金額③（日圓）
下後腰脊角尖肉	特級里脊肉	1.3	12.60%	28,000	36,400
後腿股肉心	上等里脊肉	2.0	19.40%	24,000	48,000
下後腰脊球尖肉	炙燒里脊肉	3.7	35.90%	22,000	81,400
外後腿股肉					
小計		【7.0】	【67.9%】		【165,800】
小塊肉	熬湯食材	0.3	2.90%	500	150
脂肪		2.0	19.40%		
筋	燉煮料理	0.8	7.80%	1,000	800
耗損		0.2	2.00%	—	
合計		10.3	100%	—	166,750

新開發出「炙燒里脊肉」來提高賣價。成本率降低約2.6%。

成本率
46,350÷166,750 =0.277961（約27.79%）

●胸腹肉25kg×採購單價4,200日圓／kg＝採購價105,000日圓

部　位	菜　單	重量（kg）	淨料率（重量占比）	售價（日圓／100g）	預定販售金額（日圓）	營收占比	各菜單成本金額（日圓）	各菜單成本單價（日圓／100g）
後腰脊翼板肉	後腰脊翼板肉	3.8	15.20%	25,000	95,000	0.2595	27,248	717.0
腹脇肉	腹脇肉	3.6	14.40%	25,000	90,000	0.2458	25,809	716.9
腹肋肉・側腹脇肉	五花肉	9.5	38.00%	19,000	180,500	0.4930	57,764	608
小計		【16.9】	【67.6%】		【365,500】	0.9983	【104,821】	【620.2】
小塊肉	熬湯食材	0.5	2.00%	500	250	0.0006	63	12.6
脂肪		7.0	28.00%					
筋	燉煮料理	0.4	1.60%	1,000	400	0.0011	116	29
耗損		0.2	0.80%	－				
合計		25.0	100%	－	366,150	1	105,000	

 **計算順序**

> 到預定販售金額為止的步驟
> 與P.207的
> 計算方法相同。

❶ 求出營收占比

> 各菜單的預定販售金額
> ÷預定販售金額總和

後腰脊翼板肉
95,000÷366,150＝ 0.2595

❷ 驗算所有營收占比總和是否為1

出現總和超過或少於1的情況時，調整重量占比最高那道菜單的數值。

❸ 求出各菜單成本金額

> 採購金額
> ×各菜單營收占比

後腰脊翼板肉
105,000×0.2595＝ 27,248日圓

❹ 驗算各菜單金額總和是否為採購金額105,000日圓

出現總和超過或少於1的情況時，調整重量占比最高那道菜單的數值。

❺ 求出各菜單成本單價

> 各菜單成本金額
> ÷各菜單重量÷10

後腰脊翼板肉27,248÷3.8÷10
＝ 717.0日圓／100g

不用P.206的方法計算成本率，而是採用以各菜單營收占比為依據，推算出各菜單成本單價的計算方法。

由於這個計算方法能看出營收占比，故而也可以從中得知各菜單的營收貢獻度。而且這項數據也能在考慮推出「後腰脊翼板肉・五花肉」這類組合時，作為搭配出最高效益組合比例的參考依據。營收占比不僅能用來計算成本單價，也能加以應用作為擬定菜單策畫的參考資訊。不過成本計算終究只是一種計畫、一項指標，在單一部位與兩個部位組合間選擇後者、半個屠體與全屠體組合之間選擇後者的應變方式也很重要。最重要的是要在日常營運中確實整理好統計格式，累積一定程度的統計數量進行試算。

CHAPTER 6

走訪牛隻生產現場

←正文自P.214起

產出牛肉的牛隻，是在什麼樣的方針之下以什麼樣的方法飼育出來的呢？對專業燒肉店來說，在選購店內主力商品牛肉之際對其生產現場有所了解，也變得越來越重要。故而本書將在此為您介紹，從牛隻的繁殖到飼育、加工、流通，全都由自家產業一手包辦的群馬縣鳥山牧場。向這家積極引進外部技術，持續生產穩定而高品質食用肉的公司請教其對生產現場的諸多堅持。

牧場裡分為繁殖農場與育肥農場，順著幅員遼闊的赤城山斜坡建有新舊參半的牛舍。於2018年3月拿到「農場HACCP」認證，2019年3月取得「JGAP家畜・畜產品（肉牛用）」認證。「HACCP」（食品安全管制系統準則）是一種以防疫為主的衛生管理體系，「JGAP」（日本良好農業規範）則是重視環境共存及動物福祉等側重點的管理機制。取得此雙認證的和牛農家寥寥可數。

鳥山牧場內飼有420頭繁殖牛與大約900頭育肥牛，合計約1300頭以上的牛隻。照片為繁殖農場的牛舍，在此育養產後至大約7個月大的小牛。

牧場位於赤城山山麓標高1000m的高地之上。通風良好而四季分明，即使到了氣溫達30℃以上的夏季也是早晚都涼爽的天氣，宜人的氣候十分適合怕熱的牛隻。冬季則會雪花紛飛，氣溫驟降至零下10℃。

農場裡有420頭母牛。以年產一次為目標，充分利用分娩與發情的偵測通報系統「モバイル牛温恵」，有效率地進行牛隻配種。配合溫度感測器進行監管，在檢測到母牛處於分娩前24小時或羊水破裂狀態之際，發送訊息通知給員工，減少提前到場空等牛隻分娩的時間。

以移動式小牛餵奶車攪拌與加熱總量達200公升的液狀牛奶。直接推到小牛所在之處，裝入附有奶嘴的餵奶桶中。

約有70～80頭哺育期小牛。在成長階段分別餵以奶粉沖泡的液狀牛奶、固體牛奶、牧草。牧草須待小牛出生後超過一個月，胃部已發育至一定程度才會予以餵食。牛舍上方鋪有遮陽棚，搭配風扇送風以降低悶熱感。

從繁殖、育肥到加工
有系統地進行和牛肉生產

位於長久以來便作為群馬名山而聞名的赤城山半山腰的烏山牧場，在牛隻繁殖到育肥皆由自家產業包辦的「肉用牛一條龍生產」的基礎上，於旗下公司進行食用肉加工、商品開發以及零售。由自家公司親自負責照料的牛隻以「赤城和牛」的品牌牛之名於市面流通，其高品質也受到知名料理家們的高度評價。從很早以前就放眼海外市場，已多方展開銷往新加坡、美國、歐洲等地的牛肉出口。

擔任有限會社烏山牧場的代表董事及烏山畜產食品株式會社董事長的烏山真先生為該企業的第三代。最早是創立於一九四八年，由身為第一代的祖父自農家手中買來肉牛再轉手賣出的家畜商販。由第二代在一九六〇年成立從事食品事業的烏山畜產食品株式會社。於一九七六年設立烏山牧場，自二〇〇〇年開始開展從繁殖到育肥的一條龍生產。從最初的三十頭，直至現今已有四百二十頭繁殖牛，

3〜7個月大

健康內臟與骨骼的發育期。身形精瘦而肚腹渾圓為此階段的最佳理想體型，尚無需讓小牛長肉。所以飼料以牧草為主，有限制地餵食配合飼料。也會少量餵食磨碎的米。能在吸水飽脹後起到擴張胃容量的作用。

在6〜7個月大時成長至200公斤左右。肉用牛在飼養至一定程度後，用車子載到鄰近的育肥牧場牛舍。

統一管理牛隻配種與生產的相關資訊。記錄下自配種日推估出的母牛預產期、小牛出生日期與性別、體重、母牛號碼等資訊和所有人共享。

餵給哺育期小牛的固體牛奶。小牛食用後可促進胃部發育。

實踐以五種血統相互組合交配的繁殖法

鳥山牧場配合牛隻的成長階段，將腹地分成了繁殖用與育肥用區域。已取得的「農場HACCP」與「JGAP家畜·畜產品（肉牛用）」認證，正是其衛生層面與飼育狀況皆屬優異的最好佐證。

和牛配種方面活用了鳥山先生獨自開發出來的「血液交配」理論。進行了約莫十年的和牛繁殖事業，對於牛隻食用相同飼料的肉質、脂肪、肉香、鮮美程度卻會在個體差異而興起疑問，而後從雜交個體間的肉質、脂肪、肉香、鮮美程度產生差異而興起疑問，而後從雜交

再加上九百多頭育肥牛，合計多達一千三百多頭牛隻。

其牧場年間牛隻出貨量達四百頭牛。為了維持這個營運規模，鳥山先生將目標放在避免牛隻品質參差不齊，並且能讓人吃得放心。不竭力於培養一頭品質出眾的高級和牛，而是以所有牛隻都能具備一定等級以上美味肉質的大方向為目標，從繁殖到育肥皆規劃出一套獨家的飼育流程。

配種

將獨家「血液交配」理論活用於繁殖

繁殖方面運用鳥山先生長年研究得出的「血液交配」理論。將肉質、脂肪分布、肉香、身體的大小等傾向各有不同的多種牛隻中標記出五大類，並以五個英文字母作為代號。母牛的血統以字母代稱，挑選出與母牛最適合的和牛品種。為了維持多樣性，會儘可能遵守所有代號各異的「三元交配」原則。

五大類血統各自的特徵		
B	**氣高系**／脂肪質量佳而含有適量霜降。骨架大而體型龐大。在肉質細緻度與緊實度略有不足。	
S	**但馬系**／肉質細緻富含霜降而味道佳。骨架較小且略有些神經質。	
A	**藤良系**／骨架結實而體型龐大。外型相當健美。油脂分布不均。	
M	**自家農場育成的種牛**（左側照片）／但馬系	
Y	**過去自家農場育成的但馬系種牛**（岐阜縣 安福號產子）	

牧場裡也有自行育成的種牛。目前雖僅有一頭，但會實際用於繁殖。

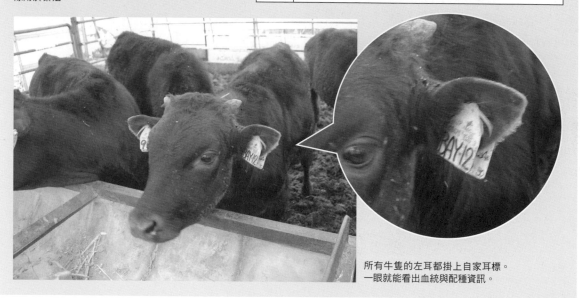

所有牛隻的左耳都掛上自家耳標。
一眼就能看出血統與配種資訊。

出來的三元豬獲得靈感，構築出了這套理論。自家牧場裡也有飼養種牛，在繁殖方面同時採用外部和牛種與自家既有種牛。按肉質特徵將但馬系和牛與氣高系和牛這類數量較多的品種進行記號化。按類型劃分成五種血統加以運用。

另一方面，自家公司也長年累積了歷來飼養出貨的肉牛血統資料。也會聽取採購方的意見，為各頭母牛選擇最合適的交配種牛進行配種。自從採用這套獨有的血液交配理論後，便得以孕育出肉質與生育皆穩定的牛隻。隨著反覆交配，牛肉品質的水平也不斷得到提升。

產後一週會讓母牛與小牛共處一週左右的時間，而後讓小牛住進單頭牛隔間的哺育期小牛專用牛舍進行人工哺乳。因為頭一個月小牛的胃部尚未發育完全，所以僅餵食奶粉沖泡的液狀牛奶與固體牛奶。之後再餵食牧草等飼料。

三個月大後，會逐一測量每頭牛的體重以確認成長狀況。若出現成長遲緩的狀況則最多再延長兩週的哺育時間，使其更進一步成長。待長大到七個月齡則進入牛隻發育出適合育肥的健康內臟與骨骼的

大約飼育九百頭牛隻的育肥牧場入口。在此進行8～30個月大的牛隻育肥。

育肥前期

與育肥過渡期間餵食的飼料配方大致相同，配合牛隻成長階段組合搭配使用四種維生素含量各異的配合飼料。引入農業蓄水池裡的山泉水作為牛隻飲用水。

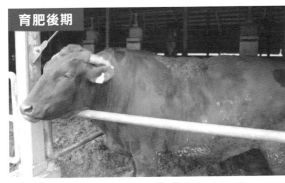

育肥後期

在約莫30個月大出貨（2020年平均出貨／屠體500kg．BMS 7.8）。由於重視動物福祉，直至出貨前都未停止含維生素飼料的供應，因而健康狀態良好可以繼續自主食用飼料。

飼料

兼顧當地產業振興並減少食物浪費

以地震災害過後海外牧草價格居高不下為契機，萌生出在合理範圍內建立起物盡其用流程的想法，活用在地原物料作為飼料使用。這也是該農場的一大特色。

飼料米

從鄰近縣市的農家進貨的飼料米，也就是全株青貯用水稻飼料。由飼料業者向各農家進行統一指導，製作至發酵完成的狀態再配送過來。

麥稈　全株青貯用水稻飼料裡也使用了群馬縣農家採收的麥稈。每三週一次在母牛因發情而情緒不穩定的時候，餵食麥稈來使其獲得飽腹感，繼而減輕壓力。

味噌

收到小商店洽詢能否接收店內下架、廢棄的味噌進行二次利用而開發出來。味噌經乾燥並粉末化後，作為蛋白質豐富的飼料充分利用。一般想強化內臟發育會使用豆渣，但這個做法相較之下成本還更低。

育成期，並改為六～八頭牛的群體飼育模式。以牧草為主並輔以部分配合穀物飼料及少量磨碎的米。此外，還會將地方小商店欲丟棄的味噌拿到自家牧場裡進行乾燥並製成粉末狀，作為營養補充品使用。

減少食物浪費的同時，還能物盡其用作為低成本的蛋白質來源。

八個月大之後開始育肥。基本使用四種配合飼料，配合育成階段改變組合比例予以餵食。四種飼料配方大致相同，差別僅在於維生素含量不同。在不會對牛隻造成負擔的前提下，直至出貨前都持續食用，不停止維生素的供應也是其特色所在。

此外，每年會留下一成、大約四十頭左右的母牛作為繁殖用。為了讓牠們發育出足以承受生產的健康身體，會餵食日本國產飼料米等穀物，還備有能讓母牛在發情期食用、藉此轉換心情的微發酵麥稈。

於1960年成立的鳥山畜產食品株式會社。總公司隔壁就是工廠，能在此處理自畜牧農場運來的屠體與內臟肉，進一步商品化。亦設有直營銷售點。

致力於發展熟成牛肉，主要接受餐飲店與百貨商店的訂單。為減少肉品的耗損而罩上一層外膜，以吊掛風乾的方式進行乾式熟成。讓從前就長在熟成室裡的白黴附著到牛肉表面促進熟成。適度受風的同時在12℃的環境熟成5～7週，再進行加工處理與出貨。

致力於熟成牛肉而深獲好評！

在味道方面以科學的標準檢視「真正的美味度」

據鳥山先生表示，近年來隨著飼料等級的提升，想要飼養出A5牛隻已然不似從前那般困難。在如今這個時代裡，該怎麼做才能打造出自身經營特色而不泯然於眾？鳥山先生並不會全然倚仗現有的精肉等級與肉質等級，而是放眼於「真正美味」肉品，毅然採行「美味可視化」流程。活用AISSY株式會社（主要研究以人工智慧進行味道分析的公司）所研發出來的味覺感測器來分析牛肉，取得化學方面的味道分析數據。利用全新的「味道衡量標準」來詮釋何謂美味牛肉。

而後再將測量分析的結果回饋給牧場，以這些數據為基礎，進行牛隻的繁殖、生產、育肥方式的多方驗證，繼而與維持高品質牛肉味道的穩定化產生聯繫。這正是從加工、製造到流通都由自家企業一手包辦才有的優勢。

鳥山牧場的育肥牛大約在三十個月，重量達八百～八百五十公斤時出貨，在畜牧農場處理成屠體狀態

以獨有的「評價基準」來追求美味

自行建立起一套有別於通用等級評鑑，與美味程度及生育細節息息相關的獨家評價基準。必定在屠體的狀態下，利用光纖感測器檢測「肋眼心面積」、「腹肉重量」、「皮下脂肪厚度的脂肪酸組成（不飽和脂肪酸含量）」，確認作為生長狀態證明的淨料基準值。各項數據皆會再回饋給牧場。

有限會社鳥山牧場
代表董事
鳥山畜產食品株式會社
董事長

鳥山 真先生

曾從事外食產業，於1994年進入公司任職。2010年正式繼承家業。與外部研究機構及料理家合作，用新穎的科學方式在生產現場掀起新風潮。

將附著於屠體內部腎臟周邊的脂肪（照片畫圈處）作為牛脂充分利用。此處脂肪的大小與狀態也是檢驗牛隻是否處於合適出貨年齡的基準之一。

再運回鳥山畜產食品公司的工廠。鳥山先生每回都會確認對半切開屠體的切面，再將讀取到的資訊傳遞到生產現場，促使狀況獲得改善。

「何時飼料吃得比較多也會影響脂肪分布的位置。這正是我們需要驗證答案的地方。」

經過加工處理的肉品會廣泛販售到百貨公司、超市、餐飲店內。鳥山先生本人也積極地向市中心的餐飲店推銷自家肉品，與餐飲店的銷售往來也攀升到整體營業額的三〇％。也有不少餐飲店採用來自該公司熟成室的熟成牛肉。

自八年前開始進出海外市場，今後也能期待該社能有更加飛越性的成長。

「我從事牧場相關事業逾二十年，也才只經歷過五次牛隻的生產周期。花費前十年建立起整套生產架構，之後的十年則是著重從事提高肉品精度的作業，這才終於進入穩定階段。」鳥山先生如此表示。

近來也與海外從事細胞培養肉的公司簽訂共同研發合約等事業，持續嘗試朝著多元領域的食用肉未來邁進。

店 名	地 址	刊載頁數
炭火焼肉 矢つぐ	東京都江戸川区松島 3 丁目 13-12	095,105,124,125,136,144,162
焼肉処 Juu+Ju	大阪府大阪市福島区福島 2 丁目 8-11	096,122,127
焼肉ホルモン BEBU 屋 大崎店	東京都品川区大崎 3 丁目 6-17	097,106,132,166
ハラミ専門店 北新地 はらみ	大阪府大阪市北区曽根崎新地 1 丁目 11-5	098,166,186
焼肉 ハラミ馬鹿	大阪府大阪市北区中崎 1 丁目 5-19	099
USHIHACHI 渋谷店	東京都渋谷区道玄坂 2 丁目 3-1	100, 116,142,170,181,183,190
たれ焼肉のんき 浜松町店	東京都浜松町 2 丁目 9-1 高橋第 3 ビル 1F	101,130,175
和牛焼肉 とびうし	東京都千代田区富士見 2 丁目 2-12	103,117,183
古民家焼肉 古登里	岐阜県多治見市宝町 3-38	104,180,182
焼肉 AJITO 総本店	神奈川県横浜市神奈川区鶴屋町 2 丁目 19-6	108,124,129,176,189
宮崎牛一頭買い 焼肉 issa おおたかの森店	千葉県流山市おおたかの森北 1 丁目 9-2	109,163,174
焼肉 bue	兵庫県神戸市中央区加納町 2 丁目 9-1	110,169,187
焼肉ホルモン 青一	東京都港区南青山 1 丁目 3-6	112,119,140
あまがさき ポッサムチプ	兵庫県尼崎市神田北通 1 丁目 7-1	116,123,188
やきにくのバクロ 博多店	福岡県福岡市博多区住吉 1 丁目 1-9	117,120,141
A5 焼肉 & 手打ち冷麺 二郎 柳橋店	愛知県名古屋市中村区名駅 4 丁目 14-10	118,165,185,193
焼肉 がみ屋	東京都町田市中町 3 丁目 6-32	133,165
羊 SUNRISE	東京都港区麻布十番 2 丁目 19-10	135,173
柳橋焼にく わにく	愛知県名古屋市中村区名駅 4 丁目 16-17	136,172,178,180
薩摩の牛太 池田旭丘店	大阪府池田市旭丘 2 丁目 12-29	138,164,177
壺ほるもん	東京都世田谷区桜 3 丁目 7-15	143,188
焼肉 excellent 銀座店	東京都中央区銀座 6 丁目 9-9	146
焼肉すどう 春吉	福岡県福岡市中央区春吉 3 丁目 11-19	152
ホルモン千葉 渋谷店	東京都渋谷区道玄坂 2 丁目 14-17	156
炭火焼肉 ふちおか	東京都世田谷区経堂 1 丁目 5-8	158
黒毛和牛 ニクゼン	福岡県福岡市中央区大名 2 丁目 12-17	179
誇味山 奏	東京都新宿区若宮町 10	198
肉匠堀越	東京都港区南青山 7 丁目 11-4	200

※按書中刊載順序排序

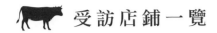

受訪店鋪一覽

店 名	地 址	刊載頁數
焼肉 スタミナ苑	東京都江東区北砂 5 丁目 9-3	010,052
東京焼肉平城苑 錦糸町駅前プラザビル店	東京都墨田区江東橋 3 丁目 8-7 錦糸町駅前プラザビル 7F	024,080
平城苑ミートセンター（八潮営業所）	埼玉県八潮市鶴ケ曽根 934	036
大昌園 川崎駅前店	神奈川県川崎市川崎区砂子 2 丁目 9-2	037,046,047,062,068,070
焼肉 ホルモン 新井屋 渋谷	東京都渋谷区道玄坂 2 丁目 19-13	040,060,064,065,066,067,072
立食焼肉 一穂 第二ビル店	大阪府大阪市北区梅田 1 丁目 2-2	050,071,112,127,131,192
炭火焼タイガー	神奈川県横須賀市若松町 2-7 ミウラプラザビル 4F	051,169,196
大衆焼肉 コグマヤ 池袋店	東京都豊島区西池袋 1 丁目 20-2	076,134,174,177,187
0 秒レモンサワー 仙台ホルモン焼肉酒場 ときわ亭 渋谷店	東京都渋谷区道玄坂 1 丁目 5-5	076,107,131
レーン焼肉 火の国 袋井店	静岡県袋井市川井 71-2	077,113
焼肉飯店 万福苑	群馬県藤岡市藤岡 687-2	078,141,195
焼肉 星山	東京都世田谷区用賀 4 丁目 14-2	079,089,163,181
焼肉牛縁 本店	愛知県名古屋市北区西志賀町 1 丁目 107-2	079,087,089,193
焼肉 金山商店 神田本店	東京都千代田区神田多町 2-5	082,086,119,120,125,175
肉の匠 将泰庵 船橋総本店	千葉県船橋市本町 3 丁目 5-31	083,104,118,172,178,182
焼肉 富士門	東京都渋谷区神南 1 丁目 10-6	083,088,102,137,163,186
焼肉酒場 すみびや	東京都立川市曙町 2 丁目 5-17	084,106,130
やきにく 3 姉妹	兵庫県神戸市中央区北長狭通 4 丁目 1-5	085,103,138,191,192
焼肉 たくちゃん	兵庫県神戸市中央区北長狭通 2 丁目 10-5	085,107,110,126,184
焼肉酒場 牛恋 新宿店	東京都新宿区歌舞伎町 2 丁目 45-8	090,117
焼肉 みつ星	愛知県名古屋市中区金山 3 丁目 15-18	091
BarBies	東京都中央区日本橋本石町 1 丁目 1-9 新日本橋ビル 1F/B1	092,100,115,167,170
肉亭 まぼたん	愛知県名古屋市中区大須 3 丁目 30-4	092,111,193
浅草 焼肉 たん鬼	東京都台東区花川戸 1 丁目 5-4	093,108,171,184,185
焼肉大昌園 きんとき GEMS 川崎店	神奈川県川崎市川崎区砂子 2 丁目 4-14 GEMS 川崎 9F	093,121,168,190,191
龍園 西中洲店	福岡県福岡市中央区西中洲 4-3	094,114,126,162
豊後牛ホルモン こだわり米 匠	大阪府大阪市淀川区西中島 4 丁目 8-30	094,098,102,128,144,167
焼肉 高麗房 大宮店	埼玉県さいたま市大宮区北袋町 2 丁目 424	095,109,113,132,176,194

究極燒肉技術教本

定價 550 元
20.7 x 28 cm　192 頁　彩色

♫♪看過來，燒肉的美味細節在這裡♪♫

想開燒肉店，卻苦於沒有關於牛肉的處理知識而感到卻步嗎？
某些特定部位大受客人好評，但冷門的部位難以料理，經常進了貨卻銷售不出去而造成食材浪費嗎？
醬料是襯托肉品美味的關鍵，然而太過花俏的調料又會覆蓋了肉質本身的口感，難以顯示出其獨特的風味，究竟該如何適當呈現醬料，讓燒肉錦上添花呢？
套餐該如何規劃，才會讓客人吃得滿意又不會膩呢？

本書收錄了日本 10 ＋ 3 間大人氣燒肉店家的獨門商品化技術，從牛肉的各部位處理細節開始，進貨、分割、修清、燒烤方式、菜單規劃乃至木炭選用、排煙設備挑選和切肉機引進……等等，外面沒有課程可以教你的開店核心技術，通通在這裡！包括一般人認為不好料理、或者有不夠美味偏見的部位，都可以透過套餐組合規劃及切割技術改善，讓牛肉的每個部位都一樣好吃，不用再耗費大量時間打工累積經驗了！

瑞昇文化　http://www.rising-books.com.tw
＊書籍定價以書本封底條碼為準＊
購書優惠服務請洽　TEL：02-29453191 或 deepblue@rising-books.com.

TITLE

燒肉料理技術與開店菜單

STAFF		ORIGINAL JAPANESE EDITION STAFF	
出版	瑞昇文化事業股份有限公司	構成・編集・取材	駒井麻子　雨宮　響
編著	旭屋出版編輯部	撮影	キミヒロ（表紙撮影）　後藤弘行　曽我浩一郎
譯者	黃美玉		佐々木雅久　間宮　博　川井裕一郎　久富　隆
			安河内聡　野辺竜馬
創辦人 / 董事長	駱東墻	デザイン	クレヨンズ
行銷 / CEO	陳冠偉		
總編輯	郭湘齡		
責任編輯	徐承義		
文字編輯	張聿雯		
美術編輯	許菩真		
國際版權	駱念德・張聿雯		
排版	二次方數位設計　翁慧玲		
製版	明宏彩色照相製版有限公司		
印刷	龍岡數位文化股份有限公司		

法律顧問	立勤國際法律事務所　黃沛聲律師	
戶名	瑞昇文化事業股份有限公司	
劃撥帳號	19598343	
地址	新北市中和區景平路464巷2弄1-4號	
電話	(02)2945-3191	
傳真	(02)2945-3190	
網址	www.rising-books.com.tw	
Mail	deepblue@rising-books.com.tw	

初版日期	2023年4月
定價	600元

國家圖書館出版品預行編目資料

燒肉料理技術與開店菜單：匯集271道
生意興隆店家的人氣品項,探究料理的
革新創意與訣竅 / 旭屋出版編輯部編；
黃美玉譯. -- 初版. -- 新北市：瑞昇文化
事業股份有限公司, 2023.04
　224面；　18.2x25.7公分
ISBN 978-986-401-616-7(平裝)
1.CST: 肉類食物
2.CST: 食譜　3.CST: 烹飪

427.2　　　　　　　112002111